KB001222

홋카이도

# 그해
# 여름
# 끝자락。

# 홋카이도

그해
여름
끝자락。

글 · 사진 허준성

CONTENTS

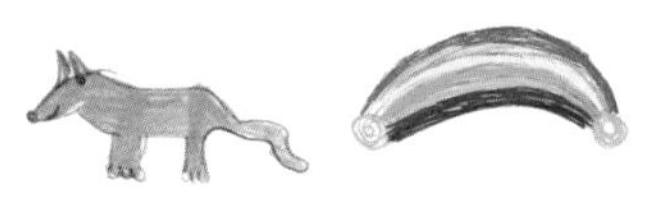
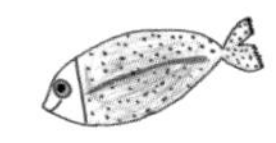

'제주도 한 달 살기', 이 단어가 알음알음 알려지기 시작했던 2013년 겨울 즈음 아내가 던진 미끼를 무심코 덥석 물었다.

"우와! '제주도 한 달 살기'가 요즘 유행이래."

"제주도 한 달 살기? 그게 뭐야?"

궁금한 건 못 참는 성격과 무언가에 꽂히면 무척이나 빠른 추진력으로 일 처리를 하는 나를 아내가 딱 한 문장으로 낚아버렸다.

음…… 한 달 살기? 이름부터가 상당히 매력적인걸? 그런데 직장을 다녀야 하는 나는 길어봐야 2~3일밖에 못 쉬는데…… 뭐야? 그럼 자기들만 가서 살고 싶다는 건가? 심술보가 터지기 직전 책상 위에 놓여 있는 신년 달력이 눈에 들어왔다. 누가 넘기다가 말았는지는 모르겠지만 새로 받아온 달력은 5월에 멈춰져 있었다. 1일 노동절, 3~4일 주말에 5~6일은 어린이날과 석가탄신일로 2일날만 연차를 내면 6일간의 황금연휴를 누릴 수가 있다. 아내와 아이만 제주도를 보내는 것이 못내 배가 아프려고(?) 했는데, 주말마다 놀러 가고 황금연휴까지 제주도에 머물 수 있겠다고 생각하니 미끼를 물지 않을 이유가 없었다.

그렇게 다녀온 '제주도 한 달 살기'는 여행에 대한 나의 시각을 완전히 바꾸어 놓았다. 하루 만에 이곳저곳 찍기 바빴던 여행에서 느긋하게 한 곳에 머물며 하루를 보내는 '일상 같은 여행'을 즐기기 시작했다. 사진기가 아닌 눈으로, 머리가 아닌 가슴에 풍경을 담아내는 법도 배웠다. 여행자, 이방인의 눈에서 현지인의 시선으로 제주도를 바라보는 것은 생각했던 것보다 매력적이었다. 한 달이라는 시간은 단순히 일정이 길어진 차이만 있는 것이 아니었다. 여행자에서 현지인으로 갈아타는 기준선이 되었다.

제주도 한 달 살기를 마무리하는 마지막 밤. 우리 부부는 제주도를 떠나는 공허함과 아쉬움을 다음 여행을 계획하며 달랬다.

"다음 한 달 살기는 해외로 하자."

"정말?"

"그럼! 못할 것도 없지. 대신 그때는 나도 같이 할 거야. 제주도는 주말마다 이렇게 올 수 있었지만, 해외는 그러기 힘들잖아?"

이후, 일상으로 돌아온 우리 부부에게는 둘째라는 선물이 주어졌다. 첫아이보다는 수월하긴 했지만 주변의 경우와 비교를 하면 둘째도 만만치 않았다.

최근에 「파더쇼크」라는 EBS 교양 프로그램을 본 적이 있다. 평소에 생각하던 것들이 체계적인 논리로 설명되어 프로그램을 보는 내내 깊이 공감했던 기억이 난다.

예전부터 인류는 공동체 생활을 해왔다. 적으로부터 공동체를 지키고 사냥하며 공동 육아를 해왔다. 그러한 문화는 자연스레 대가족 문화로 이어져 불과 100년 전? 아니 50년 전까지도 계속되었다. '아기 볼래, 일할래?' 하면 일을 선택한다는 말도 있듯이 누군가 일을 하면 누군가는 공동체에 남아 아이들을 보살펴 왔었다.

그러나 한두 세대 전부터 핵가족화되면서 자의 반 타의 반으로 육아를 부부가 전담하게 되었다. 아빠들은 여전히 바깥일에 집중하고 엄마들은 아이를 양육하느라 고군분투한다. 상황이 이렇다 보니 윗세대가 하는 이야기가 지금의 시대에서는 통 맞지 않을 때가 있다. '예전에는 아이를 다섯 명 낳고 키우면서도 밭일까지 다 했는데 너희는 지금 아이 하나 키우면서도 참 유별나다.'

이런 이야기를 들으면 언뜻 맞는 말 같기도 했다. 아이 한 명을 키우면서도 힘들어하는 우리가 무엇인가 잘 못 하고 있나 싶은 생각이 들기도 했다. 그런데 예전에는 할머니 할아버지, 이모 고모 증조모까지 돌아가면서 아기를 돌보지 않았던가. 그러다 보니 아빠가 어떻게 육아를 해야 한다는 조언은 어디에서도 들을 수 없었다. 아빠가 육아에 참여하는 경우가 없던 윗세대에게서 구체화된 '아빠 육아 노하우'가 내려올 일이 만무했다. 아빠들이 뭔가 해야 할 것 같은 상황은 되었지만, 딱히 무엇을 해야 하는지 아무도 알려주는 사람이 없었다.

상황이 이러하니 아무것도 아닌 아이의 행동을 가지고 무한한 검색의 바다에서 허우적거리기 일쑤였다. 모든 것이 정답 같기도 하면서 어느 하나 해결책은 아닌 것 같았다. 첫아이를 키울 때 이 프로그램을 봤다면 그토록 자책하며 시간을 보내지 않았을 텐데, 우리만 힘든 것이 아니라는 위안을 받았을 텐데 하는 아쉬움이 들었다.

그래도 둘째 아이를 키우면서는 나름의 노하우가 조금씩 쌓인 육아이다 보니 여유가 생겼다. 아이가 울고 떼쓰고 투정 부릴 때는 당장은 힘들어도 지나고 보면 이 또한 금방 지나가리라는 것을 알고 있었다. 평생의 할 효도를 지금 다 하고 있는데 그것을 오롯이 다 내 기억에 담지 못하는 것이 못내 아쉬울 뿐. 둘째가 커가는 모습을 보면서 첫아이도 저랬던 적이 있었나 하고 수시로 아내의 스마트폰 속 사진을 돌려 보았다. 나름 많은 시간을 가족과 보낸다고 생각했지만, 회사에 있는 시간을 빼고 나면 아이들과 함께 만들어 가는 추억을 나의 욕심만큼 남기기에는 물리적인 시간이 절대적으로 부족했다. 아니 지나고 보니 첫아이를 키울 때는 하루하루 시간이 빨리 가기를 바랄 뿐 그 순간을 즐기며 마음에 담는 육아를 하지 못했다.

하루가 다르게 커가는 둘째와도, 이제 곧 입학을 앞둔 첫째와도 지금의 시간을 이대로 보내고 나면 분명 후회할 듯했다. 아내의 스마트폰을 통해서가 아니라 내 눈으로 담아 내 마음에 저장하고 싶었다. 아이들과 더 많은 추억을 갈무리하고 싶지만 홑벌이 아빠에게 허락된 시간은 한정적이었다. 그러나 방법이 전혀 없는 건 아니었다. 딱 한 가지 그것은 바로 육.아.휴.직.

몇 달간 기나긴 고민에 빠져 허우적거렸다. 구멍가게 과자 앞에서 고민하는 아이처럼 하루에도 열두 번 결심이 바뀌었다. 사회 구성원으로서 나름의 목표를 이루는 것도 중요했고 홑벌이 아빠로서 식구들을 먹여 살려야 한다는 책임감도 쉬 결정을 못 내리게 했다. 하지만 '언젠가 다시 기회를 만들 수 있는 일'과 '그렇지 않은 일'로 구분하자 답이 보였다. 속절없이 커가는 아이들과의 시간은 다시는 돌아올 수 없는 단 한 번의 기회였다. 아내와 여러 날 걸친 고민 끝에 육아휴직을 하기로 했다. 마음먹기까지가 오래 걸려서 그렇지 일단 결정하고 난 뒤부터는 일사천리로 진행되었다.

그런데 휴직계를 내고 다시 고민에 빠졌다. 길다면 길고 짧다면 짧은 시간 동안 무엇을 하며 아이들과 추억을 쌓을지. 육아휴직을 하면서 그 시간을 어떻게 보내겠다는 계획을 짜고 시작하는 경우도 드물겠지만, 그렇다고 아무 생각 없이 지낼 수도 없었다. 전국이 제집 마당인 양 매주 캠핑을 다니던 집시 가족이 집에만 있겠다는 바보 같은 생각은 하지 않았지만, 수입이 없어지는 상황에서 무작정 여행을 다닐 수도 없는 일이었다.

휴직계를 내고 얼마 후 맞이한 여름. 역시나 육아는 만만하지 않았다. 아마 그때 누구라도 나에게 와서 '일할래, 애 키울래?' 하면 뻔한 질문을 왜 하냐고 역정을 냈을 거다. 그렇게 아이들과 땀을 삐질삐질 흘리며 육아 전쟁을 치르던 어느 날, 뉴스가 연일 폭염 소식으로 도배 될 때쯤 문득 그해 초 다녀왔던 홋카이도Hokkaido, 北海道, 북해도는 한자를 우리나라식으로 읽은 것가 생각났다.

우리보다 위도가 높아 겨울이 길고 사람 키만큼 눈이 쌓이는 홋카이도. 여름에도 덥지 않다던 그곳. 당시 회사 창립기념일과 주말이 만들어 낸 마법 같은 연휴에 그간 모아놨던 마일리지를 홀라당 사용해서 겨울 홋카이도를 다녀왔었다.

일본의 다른 도시에서 느껴보지 못한 일본 속 작은 유럽의 느낌. 도심을 살짝만 벗어나도 캐나다, 호주 정도에서나 볼 수 있을 것 같은 원시의 자연환경까지. 3박 4일의 짧은 여행이었지만 아이들 키 높이로 쌓인 눈을 보며 여름 홋카이도를 꼭 다시 보고 싶다는 생각을 했었다.

'홋카이도에서 한 달 살아볼까?'

생각이 거기까지 미치자 마일리지 잔액부터 급하게 확인해 봤다. 하지만 이미 겨울 삿포로Sapporo, 札幌 여행으로 마일리지는 거의 다 사용했기에 당연히 부족했다. 이후 조금 더 모으긴 했어도 네 식구가 다녀올 만큼은 안 되었다.

고민하다 선택한 것이 마일리지 중고 거래! 대부분의 항공사에서 제공하는

마일리지는 본인이나 가족에게만 사용이 허락되어 따로 거래할 수는 없다. 하지만 델타항공 마일리지는 본인이나 가족이 아닌 다른 사람의 표를 예약할 수 있다. 델타항공이 한국과 홋카이도를 오가는 항로에 취항하지는 않았지만, 대한항공과 공동운항Codeshare agreement, 두 개의 항공사가 한 개의 비행기를 공동으로 운항하는 것으로 운행을 한다. 결국, 델타항공 마일리지로 항공권을 구매하면 국적기인 대한항공으로 여행을 다녀올 수 있다.

가지고 있는 아시아나항공 마일리지를 긁어모으고 일부 마일리지를 할부로 당기면(?) 어찌어찌 가는 비행기 편은 될 듯했다. 돌아오는 항공편만 해결하면 되는 상황. 중고나라에서 마일리지정확하게는 마일리지로 바꿀 수 있는 포인트를 파는 글을 보다가 마음에 드는 판매자가 있어서 쪽지를 주고받았다. 세상 참 좋아졌다. 마일리지도 사고파는 세상. 돈을 입금하고 설렘을 받았다.

가는 항공편은 아시아나항공 마일리지로, 돌아오는 항공편은 델타항공 마일리지를 통한 대한항공으로. 이렇게 항공권 예약이 끝났다. 저렴하게 국적기를 탈 수 있다는 장점이 있긴 하지만, 델타항공 마일리지 항공권은 한 가지 단점이 있다. 취소나 변경이 어렵고 비용이 발생하게 된다.

"짝꿍아내를 부르는 애칭, 나 홋카이도행 항공권 예약했어! 취소도 안 되고 변경도 안 되는 표야. 그냥 꼭, 반드시, 당연히, 절실히…… 뭐 또 비슷한 단어 없나? 암튼 무조건 가야 해."

나만큼이나 여행을 좋아하는 아내이지만, 미쳤어? 돈 있어? 뭐 이런 반응이 먼저 나올 줄 알았다. 그러나 순간 비장한 표정으로 바뀐 아내는 물음으로 대답을 대신했다.

"얼마 동안 머무는 건데? 언제 출발이야? 숙소 알아볼까?"

아내는 '니세코Niseko, ニセコ'라는 홋카이도 남부 작은 마을에 숙소를 정했다. 겨울이 길고 눈이 많은 홋카이도는 오래전부터 스키어들에게  많은 인기를 누려왔던 곳이다. 그중에서도 니세코는 앞쪽엔 '요테이산MT. Yotei'이 자리 잡고 있고

뒤로는 '안누프리산[MT. An'nupuri]'으로 둘러싸여 적설량이 많은 지역이다. 겨울철 전 세계 많은 스키어가 찾았던 숙소를 봄부터 가을까지 저렴[겨울보다 저렴하다]하게 구할 수 있다. 겨울에는 복작복작한 곳이겠지만, 여름에는 한적하면서도 홋카이도 남부를 여행할 베이스캠프로 손색이 없어 보였다.

혹시나 참고하려고 산 국내 홋카이도 가이드북에 니세코는 딱 반 페이지만 나와 있었다. 어차피 가이드북만을 따라다닐 거면 한 달 살기를 시도하지 않았을 것이다. 유명한 관광지보다는 자연을 여유롭게 즐기며 현지인이 일상을 보내듯이 자연스럽게 그들의 삶에 녹아들어 보자 마음먹었다.

'일상은 여행처럼, 여행은 일상처럼'

제주도 한 달 살기로 시작된 이 마법 같은 일상은 이렇게 홋카이도 한 달 살기로 이어졌다.

## 메이지 시대로의 시간여행
### 오타루

2시간 30분의 비행을 마치고 홋카이도 신치토세 공항New Chitose Airport, 新千歲空港으로 들어섰다. 오후 5시가 넘어 비행기 창문으로 보이는 건물들의 그림자가 점점 길어지고 있었다. 너무 늦지 않게 숙소로 가야 했기에 조급증이 슬슬 발동을 걸었다. 서둘러 짐을 찾아 JR 기차를 타기 위해 국내선 쪽으로 이동하는데, 마치 백화점 지하 식품관이라도 온 듯한 분위기였다. 「센과 치히로의 행방불명」에서 치히로가 헤매던 식당 골목과 닮았다고나 할까? 배는 이미 비행기에서 먹은 기내식으로 빵빵하게 불러있었지만 나도 모르게 '킁킁'거리며 지나쳤다. 기차 시간만 아니었으면 맛이라도 봤을 텐데. 쩝.

출발 전부터 아내는 차를 렌트하는 게 좋을 것 같다고 말했었지만 내 생각은 달랐다. 항공료와 숙박비는 어쩔 수 없는 부분이지만 그나마 줄일 수 있는 비용이 렌트비였다. 육아휴직하고 얼마 되지 않은 상황. 회사에서 나오던 월급은 잠시 멈추고 국가가 주는 육아휴직급여로 대체가 된 상태였다. 매달 100만

원이라도 육아휴직급여를 받는 게 어디냐고 하겠지만 홑벌이 아빠의 마음은 월급과 육아휴직급여의 차이만큼 불안했다. 최대한 지출을 줄이고 싶었다.

"렌트를 하면 숙소에서 쉬는 날도 돈이 나가는 거잖아. 난 이번에는 멀리멀리 찍고 다니는 것보다는 푹 쉬면서 여유롭게 보내고 싶어. 14년 동안 직장생활 하면서 열심히 달려왔잖아. 운전대가 반대인 것도 조금 부담되고. 중간에 일정 기간만 빌려서 주변을 돌아보면 되지 않을까?"

휴직한 아빠의 자존심 때문에 차마 돈이 아깝다는 말은 못 했다. 운전대 핑계에 사회생활 핑계까지 둘러댔다. 말을 하면서도 내가 이상했다. 여행을 가는데 14년 직장생활 이야기는 또 뭐람.

덕분에 우리는 기차를 타게 되었다. 니세코로 가기 위해서는 오타루Otaru, 小樽에서 다른 기차로 갈아타야 한다. 오타루까지는 기차가 수시로 다니지만, 니세코로 가는 기차는 드물게 있다. 저녁이 늦기도 했고 오타루를 하루 정도 보고 가려고 오타루 역에서 가까운 호텔을 예약해 두었다.

1인당 1,780엔을 내고 오타루행 기차표를 끊었다. 만 6세 미만인 아이들은 모두 공짜다. 홋카이도 어디를 가든 만 6세 미만은 대부분 무료다. 주요 관광

지는 물론이고 사기업에서 운영하는 곤돌라 같은 시설도 거의 돈을 내지 않는다. 한 달 동안 홋카이도에서 생활하면서 의외로 도움이 많이 된 부분이다. 시기상으로 첫아이 윤정이가 학교 들어가기 전에 시작한 홋카이도 한 달 살기는 '신의 한 수'였다. 기차 요금 890엔 아꼈다고 신이 난 엄마 아빠를 보고 아이들도 덩달아 신났다. 시작부터 기분 좋은 신치토세 공항에서 오타루를 향하는 기차는 드디어 미끄러져 나갔다. 출발시각이었던 18시를 단 1분도 지나지 않고 정확하게 출발했다. 역시 칼 같은 일본. 오타루까지는 1시간 30분 정도 가야 한다.

잠시 빌딩 숲을 지나치는 듯하더니 이내 한적한 시골 철길을 달리고 있었다. 홋카이도의 땅 크기는 우리나라와 별 차이가 없을 정도로 크지만, 인구는 1/4 정도로 적고 그마저도 삿포로나 무로란Muroran, 室蘭 같은 도심 인근에 대부분 모여 산다. 덕분에 중심가만 살짝 벗어나도 인적이 거의 없는 편이다.

우리나라와 시차는 없지만 비행기로 2시간가량 동쪽으로 와서 그런지 해는 이미 땅거미를 짙게 드리우고 있었다. 초면에 부끄러웠는지 붉은 얼굴을 금방 검푸른 하늘 뒤로 감추어버렸다. 낯선 객실에서 창문을 내다보던 아이들도 밤이 내려앉은 밖을 보는 듯하더니 이내 눈꺼풀이 같이 내려앉았다.

첫날밤을 보낼 호텔에 도착해서 짐을 풀었다. 기차에서 충전을 마친 아이들은 침대가 무너져라 뛰뛰기 시작했다. 에너지가 폭발하는 아이들과 이대로 잠을 자기는 힘들 것 같아서 오타루의 상징인 오타루 운하 야경을 보러 산책에 나섰다. 오타루 운하는 삿포로와 가까운 항구도시로 과거 해상 무역의 중심지였다. 물류의 편의를 위해 지어진 운하는 이제 그 기능이 멈추었지만 오타루를 관광명소로 바꾼 일등 공신이 되었다.

오타루 역에서 10분여를 걸어 오타루 운하에 닿았다. 길을 찾기는 어렵지 않았다. 불이 꺼진 도심 사이로 저 멀리 불야성인 거리가 보였다. 10시가 넘어가는 밤이었지만 운하 주변은 야경을 보기 위해 많은 사람이 나와 있었다. 물건을 실은 배 대신 관광객을 태운 우든 보트가 운하를 지나다녔고 그 뒤로는 공장을 리모델링한 클래식한 음식점들이 분위기를 띄우고 있었다. 달력 사진에 종종 등장하는 겨울 오타루 운하는 눈이 두껍게 깔렸고 그 위로 가스로 밝힌 가로등이 분위기를 더하는 모습이었는데 여름 운하의 운치도 그 못지않았다. 따스한 빛의 가로등이 운하에 아른거리는 모습을 머릿속이 시원스레 비워질 때까지 멍하게 쳐다보았다.

"짝꿍, 떠나오기 전까지의 고민은 여기서 모두 비워버리자고."

"응. 다른 공간에서 다른 삶을 살아보기로 하고 왔으니 새로운 일상을 채워봐야지."

"차를 빌리지 않은 게 조금 미안하긴 한데, 그래도 덕분에 오타루 야경도 봤다 그치?"

"그…… 그렇긴 하네……."

SONIA
SONIA II

SONIA
SONIA II

아침 일찍 호텔 조식을 먹고 1층 로비에 짐을 맡겼다. 나중에 다시 오타루를 올지 모르지만, 기왕 하루를 보낸 김에 니세코로는 조금 늦게 이동하고 주변을 더 보고 가기로 했다.

한국과는 온도 차이가 확연했다. 우리나라는 8월의 폭염으로 아스팔트에서 깨진 달걀이 후라이가 되었다는 웃지 못할 기사를 읽고 홋카이도로 왔는데, 구름 한 점 없는 청명한 날씨의 오타루는 같은 여름이라 볼 수 없을 정도였다. 따끔한 태양이 아니라 따뜻한 햇볕에 가까웠고 습하지 않았다. 조금 걷다가 더워질라치면 그늘에만 들어가도 금방 시원함이 느껴졌다. 비행기로 2시간 거리의 날씨가 이렇게 다를 수가. 감탄을 이어 가며 오타루 역으로 갔다.

오타루 하면 오르골로 유명한 오르골당이 빠질 수 없다. 1912년 지어진 오르골당은 1만5천 점의 다양한 오르골이 전시되어 있다. 마치 영화 속 세트장 같은 느낌의 고풍스러운 내부 장식은 물론이고 2천 엔대부터 수백 엔에 이르는 다양한 오르골이 전 세계의 관광객을 오타루로 끌어들이고 있다.

오타루 숙소에서 걷기에는 조금 먼 거리라 오르골당과 가까운 미나미 오타루Minami otaru, 南小樽 역으로 한 정거장 이동했다. 시골 같은 느낌의 한적한 마을을 지나 사람들이 모여 있는 오르골당에 닿았다. 오르골당 입구로 들어서려는데 어디선가 증기 소리가 은은히 울려 퍼졌다. 오르골당 앞을 지키는 증기 시계시계장인 레이먼드 선더스가 만듦가 마침 정시를 알리고 있었다. 14년 전쯤 다녀왔던 캐나다 밴쿠버 개스타운에서 봤던 증기 시계를 다시 만난 것 같았다. 시계 소리와 함께 오르골당 안으로 시간 여행을 시작했다. 엄청난 종류의 오르골이 붉은 조명을 받으며 반짝이고 있었다.

전혀 살 마음이 없이 들어간 오르골당인데 이건 안 사고는 배길 방법이 없었다. 안 사야 할 이유는 단 한 개도 못 찾았는데 사야 할 이유는 눈에 보이는 오르골 수 만큼 떠올랐다. 순식간에 머릿속에는 지인들이 줄을 섰다. 부르지도 않았는데 줄을 서서는 자기가 먼저라고 싸움이 났다. 마음 같아서야 다 주고 싶지만 지금 선물을 사면 여행 내내 가지고 있어야 했다. 가격도 부담이 안 될 정도는 아니었다. 마땅히 자기가 왜 받아야 하는지 설명 못 한 사람들은 돌려보내고 몇몇만 남겼다.

자기를 사달라고 아우성치는 아이들[오르골]을 못내 남겨두고 오기가 마음 아팠지만, 지금은 휴직 중임을 다시 한 번 되새기며 도망치듯 밖으로 나왔다.

오르골당에서 나와 오타루 운하 방향으로 걸었다. 왕복 2차선의 도로 양옆으로 오래된 전통가옥과 신세대 프랜차이즈 건물들이 앞서거니 뒤서거니 줄지어 있었다. 오르골당에서 오타루 운하를 이어 주는 '이로나이 거리'에는 일본 메이지 시대부터 세워진 건물들이 그 원형을 지키며 남아 있어 건축학적으로 귀히 관리되는 곳이다. 얼마 전 다녀왔던 군산의 근대사 거리와 많이 닮았다는 생각을 했다. 한쪽은 우리의 아픈 역사가 있는 곳, 한쪽은 그들의 번영했던 추억이 서린 곳.

묘한 분위기를 느끼며 오타루 운하에 도착했다. 운하는 어젯밤과는 또 다른 매력이 있었다. 산책하듯 운하를 지나 숙소에 돌아왔다. 조금 더 오타루를 즐기고 싶었지만, 띄엄띄엄 있는 니세코행 기차를 놓치면 꼼짝없이 하루를 더 이곳에서 보내야 한다. 마음이야 그러고도 싶었지만 지갑은 허락하지 않았다.

小樽オルゴール堂

Travel **Tip**

항공권 준비하기

혹카이도는 최근 많은 저가 항공사가 취항해서 가격이 내려갔다. 성인 기준 왕복 항공권이 최소 40만 원 이상의 가격에서 저가 항공사들의 경쟁으로 왕복 20만 원대까지 저렴(?)해졌다. 아이가 24개월 미만이라면 비행기는 무료로 탈 수 있기 때문에 3+1명 기준으로 70만 원대면 네 식구가 홋카이도를 왕복할 수 있다. 전보다는 많이 저렴해지긴 했어도 휴직한 상황이다 보니 부담이 적지는 않았다. 게다가 가장 큰 비중을 차지하는 숙소비용은 줄일 수가 없었기 때문에 항공료라도 줄여야 했다.

저렴하게 비행기를 타기 위해 우리가 선택한 방법은 마일리지. 항공사 마일리지를 적립해 주는 신용카드를 주력으로 사용한 덕분에 마일리지 포인트가 제법 모여 있었다. 생활비를 줄여주는 카드도 많이 있고 효율적인 연말정산을 위해 현금과 직불카드를 적당히 섞어 쓰는 것이 좋겠지만 우리는 오로지 항공사 마일리지 신용카드만 사용한다. 한 달에 2~3만 원 할인받는 것이 효율적이긴 하지만 그 돈을 할인받았다고 따로 모으지 않게 된다. 그러다가 언젠가 여행이라도 떠나려고 하면 항공료가 큰 부담 중 하나로 돌아온다. 그래서 우리는 여행 적금(?)이라 생각하고 오로지 마일리지 적립 카드만 사용한다. 마일리지를 더 준다는 카드가 생기면 불편함을 감수하고 갈아타기도 한다.

신치토세 공항에서 니세코로 이동하기

신치토세 공항에서 니세코로 이동하는 방법은 여러 가지가 있다. 가장 좋은 것은 렌트를 하는 것이다. 어차피 니세코에서 주변 관광을 하기 위해서는 렌트가 필수이다 보니 홋카이도 도착 후 공항에서부터 렌트를 하는 것이 좋다. 공항에서 니세코는 차로 2시간 정도 걸린다.

대중교통으로는 기차와 버스를 이용해서 니세코로 이동할 수 있다. 기차는 오타루나 삿포로에서 니세코행으로 갈아타면 된다. 신치토세 공항에서 오타루까지는 90분 정도 걸리고, 오타루에서 니세코까지는 2시간 정도 걸린다. 신치토세 공항에서 오타루까지는 가차가 많은 편이지만 오타루에서 니세코로 가는 기차는 띄엄띄엄 있다.

버스는 항상 있는 것은 아니고 겨울 스키 시즌과 여름 관광 시즌에만 한시적으로 운영한다. 갈아타지 않고 기차보다 탑승 시간이 짧아 좋다. 하지만 운행 횟수가 적고 항공사 일정에 따라 시간을 맞추기가 쉽지 않다. 참고로 아시아나항공은 오후 5시 도착이라 니세코 버스와 시간이 맞지 않는다.

스키를 위한 겨울 여행이라면 렌트보다는 버스가 좋겠고눈이 오면 정말 눈밖에 없는 세상으로 변한다. 계속 쌓이고 녹지 않다 보니 차선을 구별하기도 어렵다, 주변 관광 위주인 여름 시즌에는 렌트하는 것을 추천한다.

**◇니세코버스: www.nisekobus.co.jp**

**◇JR기차: www.jrhokkaido.co.jp**

# 불 꺼진 히라우 웰컴센터
## 니세코

"짝꿍, 피곤해서 그래?"

"어? 아니…… 6시가 넘어가니깐 좀 걱정이 되네."

마주 보는 가족석에서 아이들은 각자 아빠 엄마의 다리를 베개 삼아 한 자리씩 차지하고 잠이 들었다. 멍하니 아이들을 응시하는 아내의 눈이 피곤해 보이기도 하고 뭔가 걱정거리가 있어 보이기도 했다.

홋카이도 첫 여행지인 오타루에서 너무 생각 없이 놀았나 보다. 원래 타려 했던 기차를 놓치는 바람에 예상보다 늦게 출발했다.

"이제 곧 도착할 거야. 조금 늦는다고 메일 보냈다면서……. 걱정하지마. 그나저나 곧 내려야 하는데 애들이 한밤중이네."

대수롭지 않게 이야기하고는 기차 안내 방송에 귀를 기울였다. 일본어는 당연하고 일본식 영어도 통 못 알아듣기 때문에 내려야 할 곳을 지나칠까 봐 방송에 집중했다. 잠시 후 목적지인 '굿찬Kutchan, 倶知'에 잠시 정차한다는 방송이 나왔다. 잠이 덜 깬 아이들과 짐을 챙겨 기차에서 내렸다. 여름과 겨울 성수기에는 굿찬 역과 니세코 스키장 주변으로 셔틀버스를 임시로 운행한다. 거리상으로는 니세코 역이 더 가깝지만 마땅한 교통편이 없는 시골 역이라 조금 더 큰 굿찬 역에서 내려 셔틀버스나 택시를 타는 것이 좋다.

임시 셔틀버스 표지판을 확인하고 기다린 지 5분도 안 되어서 미니버스가 왔다.

"어디 가세요?"

물론 일본말이다. 우리가 아는 일본 인사말도 아니고 버스 타는 사람에게 물어볼 말은 이 말밖에 없지 않겠나. 영어가 아닌 일본어로 물어본 것을 볼 때 영어를 못 하겠거니 생각했지만 달리 방법이 없어 영어로 대답했다.

"니세코에 있는 '그랜드 히라우Grand Hirafu 웰컴센터'로 갑니다."

혹시나 했는데 역시나 못 알아듣는다. 여러 군데 도는 버스가 아닌 딱 정해진 경로만 가는 미니 셔틀버스인데 우리가 아무리 일본식 영어를 못한다 해도, 운전사가 아무리 영어를 못한다 해도 '히라우' 정도는 알아들어야 하지 않나? 히라우는 니세코 안누푸리산의 주요 슬로프 네 곳 중 하나로 우리가 머물 숙소가 있는 마을이었다.

"히.라.우.웰.컴.센.터 간다고요……."

전혀 못 알아듣는 표정이라 슬슬 걱정되었다. 우리가 정보를 잘못 알고 왔나? 내려서 택시라도 타야 하나 고민하는데 다른 일본인이 차에 올랐다. 운전사와 잘 아는지 둘이서 지도를 보면서 이야기를 나눴다. 그러더니 우리에게 지도를 내밀었다.

"짝꿍, 이거 우리보고 어디를 가는지 찍으라는 것 같은데?"

"여기…… H.i.r.a.f.u…… 요기 있네."

"히라우 웨커므 세느터 데스네. 아노. 아노…… XXX XXXXXX XXX XXX."

아놔. 우리가 말한 '히라우'와 저들이 말하는 '히라우'가 당최 무슨 차이가 있는지 모르겠지만 가긴 간다는 것 같다. 그런데 그 이후 말하는 일본어는 전혀 알아들을 수가 없었다. 뭔가 거기를 지금 왜 가냐는 듯한, 그곳에 가려는 것이

맞느냐는 듯한 느낌적인 느낌만 들었다.

"오케이, 히어…… 히.라.우.웰.컴.센.터."

일본사람이 한 명 더 타고 버스가 출발했다. 불안한 마음에 스마트폰 오프라인 지도앱을 켜고 우리가 원하는 방향으로 가는지 주시했다. 잠시 후 굿찬 도심을 벗어난다 싶더니 '웰컴 투 니세코' 영문 표지판이 보이고 통나무 산장들이 줄지어 있는 니세코로 접어들었다. 20분쯤 달려 히라우 웰컴센터 근처 정류장에서 내렸다. 저녁 7시를 지나 해는 그사이를 못 참고 꼴까닥 넘어갔다. 낯설고 어슴푸레한 길을 따라 저 멀리 '히라우 웰컴센터'가 보였다. 불 꺼진 웰컴센터가.

"짝꿍, 우와~~ 저기 요테이산 보인다. 와! 드디어 왔어. 윤정아, 저게 요테이 산이야."

그러거나 말거나 아내는 걱정스러운 표정으로 웰컴센터로 달려갔다. 외부 등이 꺼진 센터는 다행히 문은 열려 있었지만, 사람도 없고 내부의 불도 모두 꺼져있었다.

"분명 여기서 체크인을 한다고 했는데……."

숙소를 예약했던 아내의 얼굴이 굳어졌다. 급하게 홀리데이 니세코[Holidaynideko.com]에 접속해서 확인해 보려 해도 무료 와이파이 하나 잡히지 않았다.

"분명 홈페이지에서 히라우 웰컴센터에서 체크인한다고 했거든. 그리고 저녁에 좀 늦게 체크인하겠다고 메일도 주고받았어."

아내의 목소리가 떨렸다. 다행히 주변에는 숙박시설이 많이 보였다. 정 안되면 하루 다른 곳에서 자고 내일 연락하면 되지 않겠냐고 말은 했지만 낯선 여행지에서 맞이한 밤은 불안했다. 벽면 보드판에 보이는 홀리데이 니세코 사무실로 전화를 해도 국제전화[로밍]라 그런지 반응이 없었다. 수십 번도 더 전화한 것 같다. 인터넷이 안 되는 스마트폰은 벽면을 밝히는 플래시 외에 아무짝에도 쓸모가 없었다. 점점 더 불안해졌다. 가족을 데리고 어떻게 해야 하나. 어두워지는 실내에서 더 있을 수가 없어 나오려는 찰나.

"도와드릴까요?"

헉, 어둠 속 의자에서 일본인 여자 한 명이 '쓰윽~' 일어나며 영어로 물어봤다. 아니 우리가 20분은 족히 여기에 있었는데 언제부터 있었던 거지? 왜 몰랐지? 사람 맞아? 왜 불 꺼진 건물 의자에 앉아 있었는지 모르겠지만 일단은 반가웠다. 그녀는 스마트폰을 꺼내고는 우리가 아까부터 계속 전화를 걸었던 야간 상담 전화번호를 눌렀다. 잠시 벨이 울리는가 싶더니 직원이 전화를 받았다.

와! 우리 전화는 수십 번을 해도 안 받더니 이 사람의 전화는 바로 받네.

"직원이 금방 여기로 온다고 합니다."

순간 고마워서 눈물이 날 뻔했다. 나이가 들어서 그런지 요즘 드라마만 봐도 눈물이 쉽게 나오려 해서 아내 몰래 딴청을 피우곤 했다. 보통은 짠해서 나오는 눈물인데 이번에는 무척이나 기뻐서였다. 돌아서 나가는 '천사 귀신'을 붙잡고 오타루에서 사 온 '르타오 치즈케이크'를 건넸다. 극구 사양하더니 내 감동의 눈물(?)을 봐서 그런지 고맙다면서 받아들고 유유히 사라졌다.

뒤늦게 우리를 데리러 온 직원은 우리랑 계속 메일을 주고받던 '유코'였다.

"왜 여기 계셨어요? 여기는 겨울에만 운영하는 체크인 센터인데. 안 그래도 늦게 온다 해서 집에도 못 가고 기다리고 있었어요."

알고 보니 홀리데이 니세코 홈페이지에 나와 있는 정보가 겨울 기준으로 되어 있었고 업데이트를 하지 않은 것이다. 겨울 시즌이 아닐 때는 아래쪽 사무실에서 체크인을 받는다고 한다. 자기 잘못도 아닌데 거듭 미안하다고 하는 유코에게 화풀이를 할 수도 없었다.

이렇게 기쁠 수가. 더 늦지 않게 숙소를 찾아온 기쁨에 우리 네 식구는 얼싸안고 소리를 지르며 숙소 안을 뛰어다녔다. 지어진 지 1년도 안 된 곳이라더니 모든 가구와 집기들이 깨끗하게 정돈되어 있었다.

"윤정아, 우리 여기서 한 달 동안 살아볼 거야!"

Travel **Tip**

니세코 숙소 알아보기

글로벌 숙소 공유 사이트인 에어비앤비에서부터 호텔 예약 앱까지 숙소를 알아볼 방법은 여러 가지가 있다. 최근 일본 에어비앤비에서 불미스러운 일이 속속 드러나고 있다. 공유경제 시대라고는 하지만 아무래도 개별 관리가 어려운 공유 숙소에 여자 세 명을 데리고 가는 것은 썩 내키지 않았다.

니세코는 겨울 스키 시즌을 피해 여러 숙소를 임대 대행하는 업체들이 몇몇 있어 직접 견적을 받았다. 그중에 홀리데이 니세코라는 곳이 영어 사이트를 지원해서 어렵지 않게 그곳에서 지낼 수 있었다.

기간이 길다면 요리가 되는 곳이 좋겠다. 생각보다 마트 물가가 높지 않아 여행경비가 절약된다. 특히 홋카이도는 일본에서도 자급자족이 가능한 섬이다. 일본 원전사고로 여행을 꺼린다 해도 홋카이도는 크게 걱정할 것 없다. 오히려 본토에서도 홋카이도산 상품들이 높은 가격으로 잘 팔릴 정도이다.

**◇https://www.holidayniseko.com**
**(전화번호: 0136-21-6221)**

**◇https://www.summerjapan.com**

# 엉덩이의 방해 공작

## 히라우 웰컴센터

"아까 그 천사가 아니었으면 우리 꼼짝없이 길에서 잠을 잘 뻔했다 그치?"

"응, 그런데 나 사실 아까 진짜 놀랐었어……. 분명 우리밖에 없었던 것 같은데 어둠 속에서 갑자기 사람이 나타나니깐. 진짜 귀신은 아니겠지? 크크크."

진짜 귀신이나 천사가 아니었을까 하는 말도 안 되는 이야기를 주고받으며 우리는 가까운 편의점으로 갔다. 긴장이 풀려서인지 며칠이라도 굶은 양 배고픔이 밀려 왔다. 대형마트에서 장을 보기 전까지 간단하게 먹을거리라도 사야 했다. 일본의 편의점 음식은 확실히 기대 이상이었다. 아이들이 먹을 삼각김밥과 빵 그리고 맥주와 주전부리류를 조금 골랐다.

배고픔 때문이었는지 긴장이 풀려서인지는 확실히 구분은 안가지만, 얼마 마시지 않은 것 같은데 알코올의 기운이 슬슬 올라왔다. 자기 전 온종일 밖을 누비고 다녔던 아이들을 씻겨야겠지만, 오늘 하루는 나쁜 부모가 되기로 했다. 낯선 침대에 수정이를 눕히고 잠옷으로 갈아입혔다. 그리고 공갈 젖꼭지와 애착 인형을 꺼내려고 아내의 가방을 찾았다.

"짝꿍, 자기 가방 어디 있어?"

"응? 문 옆에 없어? 어디 있겠지."

짐을 흩어 놓은 상태가 아니었다. 집에 오자마자 짐들을 입구에 대충 던져놓았는데 거기에 있어야 할 아내의 가방이 보이지 않는다. 순간 불길한 느낌이 들었다. 하루에 나쁜 일이 두 번이나 생길 리 없다고 애써 긍정의 기운을 모아 가방을 찾았지만 없다. 있어야 하는데 없다. 없으면 안 되는 데 없다. 이미 숙소를 찾는 과정에서 얇아질 대로 얇아진 맨탈은 슬슬 금이 가기 시작했다.

기저귀 가방일 뿐이다. 기저귀도 물티슈도 다시 사면 그만이다. 4년 된 아이패드가 약간 아쉽긴 해도 업그레이드를 위한 핑계가 생겼으니 그것도 나쁘지는 않다. 그런데 없으면 안 되는 공갈 젖꼭지와 애착 인형이 없다는 것은 당장 오늘 밤부터 우리가 정상적으로 잠을 잘 수 없다는 뜻이다. 비상사태다.

아이들은 나름의 애착 인형을 선택한다. 세 돌이 될 때까지 다른 아이들 보다 특히나 예민했던 첫아이 윤정이는 애착 인형 선택도 남달랐다. 내가 손수 만들어 준 수제 백호 인형(아이의 띠가 호랑이인데 그 해가 백호 해라 흰색 호랑이 인형을 직접 손바느질로 만들어 줬다)을 시작으로 할머니가 선물해 준 고양이 인형과 언니들에게 물려받은 인형들까지. 수많은 인형 중에서 강아지 인형을 받아들였다. 당시 일본에 살았던 외숙모가 첫돌 선물로 일본 아이들에게 인기가 높다는 강아지 인형을 주었었다. 수건 재질의 하얀 강아지 인형을 윤정이는 목숨과 같이 사랑했다. 목욕하는 순간을 제외하고는 단 한 순간도 몸에서 떨어진 적이 없다. 덕분에 세 돌까지의 모든 윤정이 사진에 강아지 인형이 함께했다.

조금이라도 안 보이면 죽어라 울어버리는 아이라 자주 빨고 햇볕에 말릴 기회가 거의 없었다. 방금 손으로 반찬을 집어 먹고 그 손으로 다시 인형을 만지는데 인형이 깨끗할 틈이 없었다. 게다가 잠들 때는 그 인형을 얼굴에 부비부비해야 겨우 잠이 들곤 했는데 손때 그득한 인형을 빨지 않을 수도 없어 윤정이가 낮잠이 들고 나면 다른 흰옷들과 세탁기 삶음 기능으로 목욕을 시켜주고 내 머리도 귀찮아 그냥 놔두는데 인형은 아이 깨기 전에 말리느라 10분이 넘도록 드라이를 해줬었다.

첫애가 두 돌 때쯤 되었나? 강아지 인형 등에 슬슬 피부병이 생기기 시작했다. 수건 재질인 피부에서 돌기가 하나둘씩 빠지더니 성근 그물망 안으로 솜이 훤히 보이는 것이다. 이대로는 못 버틸 듯하여 다시 일본 외숙모한테 같은 강아지 인형을 부탁했다. 며칠 뒤 돌아온 답변. 단종이 되어서 파는 곳이 없단다.

포기하고 지낸 지 며칠이 지났을까? 다행히 일본 옥션에서 비슷한 것을 구했다고 연락이 왔다. 어찌나 고맙던지. 그렇게 받은 새로운 인형은 색만 하늘색이었고 모든 것이 첫 강아지 인형과 같았다.

기대를 잔뜩 하고 윤정이한테 주었는데 아이는 거들떠보지도 않았다. 내가 보기에는 훨씬 깨끗하고 부드럽고 예쁜데 자기의 애착 인형과는 달라 보이나 보다. 아이는 뭔가 불길한 기분이 들었는지 전보다 더 병든 강아지 인형에 집착했다. 하는 수 없어 손바닥만 한 손수건 한 장을 등에 올리고 내가 손수 한 땀 한 땀 손바느질을 해서 가려 주었다. 언뜻 봐서는 코끼리나 낙타 등에 사람이 타기 위해 깔아놓은 양탄자처럼 보였다. 그래도 좋다고 윤정이는 연신 싱글벙

글했다.

그 강아지 인형은 결국 수정이가 태어난 다음까지도 우리와 함께했다.

그 기억이 강렬해서 둘째는 애착 인형을 안 만들었으면 했다. 뭐 그건 내 생각이고 소리소문없이 아이는 집에 굴러다니던 국민 애벌레 인형길이가 길고 흔들면 소리가 나며 마디마디마다 알록달록 색을 가졌다을 애착 인형으로 받아들였다. 내심 바라지는 않았지만, 워낙 유명한 인형이라 우리나라에서 아이가 있는 집에 꼭 하나씩은 있을 정도로 흔한 인형이었다. 인터넷에서 주문하면 하루 만에 받을 수 있는 인형을 대수롭지 않게 생각했었다.

그런데 하필 애벌레 인형이, 그것도 일본에 도착하자마자 가방과 함께 사라졌다. 인형이 없으면 잠이 들지도 않을뿐더러 겨우 재웠다 하더라도 수시로 인형을 찾으며 우는 둘째 수정이. 한국이라면 하루 이틀만 참으면 구할 수 있는 인형인데 잃어버린 곳이 이제는 반대로 일본이다. 차라리 강아지 인형이었으면 좋았겠다는 쓸데없는 상상을 하며 아내와 머리를 맞대고 앉았다.

“언제까지 있었는지 기억나?”

“모르겠어. 아까 웰컴센터에서 너무 당황해서 그런지 아무것도 생각이 안 나.”

“아빠, 아빠 사진기를 다시 보면 알 수 있지 않을까?”

오호! 당황한 부모는 윤정이 아이디어에 손바닥을 ‘탁’ 쳤다. 카메라를 꺼내 돌려 보자마자 답이 나왔다. 다행히 악몽의 히라우 웰컴센터로 올라가는 뒷모습에서 찾을 수 있었다. 그럼 그 이후라는 이야기이니 웰컴센터 아니면 체크인 센터에 있을 것 같았다. 같이 나서려는 아이들과 아내는 집에 있으라 하고 혼자 슬슬 걸어 웰컴센터로 향했다.

우리나라의 여름밤만 생각하고 반소매에 반바지만 입고 나갔다가 다시 뛰어 들어가 점퍼 하나를 걸쳤다. 한국에서는 날씨가 심술을 부려 폭염이 2주째 이어지고 있는데 여기는 한낮 빼고는 점퍼가 있어야 하는 날씨다. 호텔을 제외한 홋카이도 대부분 집에는 에어컨이 없다고 한다.

동네가 익숙하지 않아 구글 지도를 따라 웰컴센터에 도착했다. 예상대로 문은 굳게 닫혀있었다. 스마트폰 플래시를 켜서 창문에 대고 안을 비춰보았다.

앗싸! 다행이었다. 아내 가방은 초저녁의 충격이 쉽게 잊히지 않는지 의자에 멍하니 앉아 주인을 기다리고 있었다. 일단 있는 것은 확인했지만 내일 아침까지 기다리자니 손 탈 것도 걱정이고 오늘 밤 아이와 씨름 할 것도 걱정이었다. 우선 주변부터 둘러보았다. 옆으로 비스듬히 열린 창문이 보였다. 아쉽게도 어느 정도 이상 열리지 않게 가이드가 있지만 대충 열린 폭이 내 머리는 들어갈 듯했다.

육중한 몸을 얕은 담 위로 올려놓고 머리부터 들이밀었다.

'어, 머리가 쉽게 들어가네? 이거 들어갈 수 있겠는걸?'

속으로 쾌재를 부르며 양팔과 어깨를 넣는 순간 내가 알고 있던 상식이 틀렸다는 것을 알았다. 누군가 사람은 머리가 들어가면 나머지 몸도 빠져나갈 수 있다고 하던데 거기에는 단서가 빠져 있는 것 같다.

'단, 40대 이상의 남자는 배와 엉덩이가 걸릴 수 있음.'

이걸 단서로 달아놨어야 했다. 상체가 쉽게 들어갔기에 그 아래는 걱정도 안 했다. 배는 힘을 빼고 숨을 참아 어찌어찌 밀어 넣었는데 엉덩이는 내 근육의 조정을 받지 않는 지역이었다.

몸의 반은 안에 있고 나머지는 밖에 있는 상황에서 한참을 고민했다. 밖에서 누군가 나를 봤다면 아마 기절했을 테다. 아무리 해봐도 엉덩이를 어찌할 방법이 없었다. 혼자 가방을 꺼내 아내에게 '짠' 하고 싶었던 욕심은 엉덩이의 방해로 접어야 했다.

"왜? 없어? 장난하지 말고 빨리 말해 봐."

시무룩하게 집에 들어간 나를 보고 아내가 물었다.

"아니 웰컴센터에 있더라고."

"어? 다행이네. 그런데 표정이 왜 그래?"

"그게…… 사실 말이야……."

아내는 가방 구출 작전에 실패한 이야기를 듣더니 뒤집어졌다. 아이들 옷을 챙겨 입히고 내 엉덩이를 툭툭 치며,

"우리 엉덩이 고생했네! 우쭈쭈쭈. 그것 봐 우리 가족은 항상 같이 다녀야 한다니깐 크크크."

뭐, 뒷이야기는 상상하는 그대로다. 아빠와 아이들은 날씬한 엄마가 웰컴센터를 터는(?) 멋진 모습을 보며 박수를 아끼지 않았다.

"짝꿍아, 하루가 참 길다. 그치?"

## 반가워 요테이산, 반가워 니세코

### 요테이산

피곤한 몸과는 달리 아침 일찍부터 정신이 맑아 온다. 출근해야 할 때는 아침에 눈뜰 때마다 바늘로 콕콕 찌르는 듯 힘들고, 몸은 밤새 누가 때린 것처럼 욱신거려 스마트폰의 알람을 5분씩 늦추기 일쑤였는데, 여행지에서는 늦잠을 더 잘 수 있어도 그게 잘 안 된다. 아직 잠들어 있는 아이들 이마에 입술 도장을 한 번씩 찍고 낯선 집에서의 하루를 시작했다.

거실로 나서자마자 창문부터 활짝 열었다. 폭염에 시달리던 한국과는 달리 가을 색이 걸쭉하게 녹아든 아침 공기가 몽롱한 정신을 마저 깨웠다. 아직 가을이라고 하기에는 이른 계절이었지만 한국의 가을과 같은 시원한 바람이었다. 구름 하나 없는 맑은 하늘 아래 '떡'하니 요테이산이 한눈에 들어왔다. 미니 후지산이라고 불린다는 요테이산. 고깔 모양으로 반듯하게 솟은 것이 범상치 않아 보였다.

'매일 아침 일과로 요테이산 기를 받아 보는 것도 좋겠는걸?'

슬슬 숙소가 눈에 들어왔다. 겨울이면 스키어들로 복작거렸을 곳이지만 여름에는 이따금 찾는 주말 여행객이 전부인 곳. 호텔처럼 단기 여행객을 위한 숙박시설이 아니라 양념 몇 가지만 사면 집처럼 편하게 지낼 수 있을 것 같았다.

같은 동양 문화라 그런지 부엌은 큰 차이가 없었다. 다만, 습식 화장실 문화에 익숙해서 건식 화장실에 익숙해지는데 시간이 좀 걸렸다. 분명 같은 바닥인데 변기에 앉을 때의 맨발은 시간이 지나도 익숙해지지 않았다. 아무리 배가 아파도 맨발로는 문(?)이 잘 열리지 않는 느낌! 화장실은 신발을 신어줘야 제맛인데 말이야.

편의점에서 사 온 쌀과 달걀, 그리고 한국에서 가져온 간단한 반찬으로 아침을 해 먹었다. 쌀의 질은 물론이고 밥솥도 한국과 별 차이가 없어서 고슬고슬 입맛에 맞았다.

밥도 먹었고 슬슬 마을 구경에 나섰다. 가장 먼저 히라우 웰컴센터로 가봤다. 도둑이 현장에 다시 나타난다는 말이 이해가 된다. 어젯밤 가방 구출작전을 감행한 현장이 막 궁금하고 가보고 싶었다. 동네 구경 나온 관광객처럼 어슬렁어슬렁 둘러보았다. 다행히(?) 아니 당연히 별일은 없어 보였다. 크크.

볼수록 매력적인 니세코. 도심과는 떨어져 한적하면서도 스키어들을 위한 빌라들은 독립적이고 깨끗해 보였다. 게다가 겨울이었으면 떠들썩했겠지만 여

름의 스키장은 한갓지고 조용했다.

그랜드 히라우를 지나는 큰 도로에 닿았다. 큰 도로라고는 하지만 왕복 2차선에 불가하다. 인구가 많지 않은 홋카이도에서는 도로 대부분이 딱 요 정도였다. 좁은 도로가 더 어울리고 큰길은 사치 같이 여겨지는 곳. 그런데도 차가 밀리는 경우가 없이 늘 한적한 곳. 눈이 많이 오는 편이라 지붕은 첨탑처럼 뾰족한 집이 많이 보였다. 스위스를 그대로 옮겨 놓은 듯. 조용한 시골 마을 같은 매력에 점점 빠져들어 갔다. 다시 한 번 일상에서 벗어남을 실감했다.

지나는 길에 버스 정류장이 보였다. 마을이 크지 않을뿐더러 홋카이도의 큰 도시였던 삿포로의 버스 정류장과 비교하면 시골 간이 정류장보다도 못하게 느껴졌다. 일본어라도 잔뜩 적혀진 버스 노선표를 기대했건만 보이는 건 광고 전단뿐. 두세 개의 노선 정도가 보이긴 하지만 하나는 어제 타고 왔던 임시 셔틀버스였고 다른 버스도 배차 간격이 1시간이 넘었다. 천방지축 아이 둘에 유모차까지……. 이대로 대중교통을 이용해서 주변 여행을 다니는 것은 힘들어 보였다. 아내에게 점점 미안해지면서 렌트를 안 한 것이 후회되었다. 이럴 줄 알았으면 공항에서부터 렌트를 하는 건데.

"미안해."

"뭐가?"

"렌트 하지 말자고 한 것. 버스 정류장을 보아하니 차 없이 주변 여행을 다니기는 쉽지 않겠다. 크크."

아내가 핀잔이라도 줄까 봐 잽싸게 근처에 렌터카 사무실이 없는지 검색했다. 마침 정류장 부근에 도요타 출장소가 있어 아내의 손을 끌고 들어갔다.

뻘쭘하게 두리번거렸더니 유창한 영어를 구사하는 직원이 나와서 우리를 반갑게 맞이해 주었다. 아마 홋카이도에 와서 처음으로 외부인과 대화 같은 대화를 한 것 같다. 15일까지만 빌리면 같은 비용으로 한 달 동안 써도 된단다. 한글 지원되는 내비게이션과 카시트도 프로모션으로 저렴하게 해줄 수 있다고 했다. 게다가 반납도 여기가 아닌 공항에서 바로 해도 되고. 한 달이나 있을 거면 공항에서 빌려 오지 그랬냐고 물어본다. 영어를 못 알아듣는 척했다. 사실 잘 못 알아듣기도 했고.

아내에게 물어봤다.

"뭐래? 얼핏 듣기로는 차가 없다는 것 같은데?"

"응. 작은 지점이라 보유한 차가 없기도 하고 지금이 일본 최대 명절인 '오봉절'이라 당장 빌려줄 차가 없다고 하네. 4~5일 정도 후에나 받을 수 있다고."

"에고. 그냥 처음부터 차를 빌릴 걸 그랬네. 미안. 그랬으면 어제 같은 일도 없었을 텐데."

"아니야, 덕분에 오타루도 보고 잊지 못할 추억도 만들었잖아. 모든 게 계획대로 되면 여행의 묘미가 있겠어? 아마 어제 일은 두고두고 생각날 것 같아. 한 며칠 여유롭게 니세코 주변이나 둘러보자."

## 여행은 순간에 충실해야 한다
### 그랜드 히라우

오봉절이라 렌터카도 며칠 뒤에나 받을 수 있었기에 차가 없는 동안 숙소와 가까운 곳을 둘러보기로 했다. 안누푸리산에 있는 네 곳의 슬로프 중 가장 규모가 크고 많은 숙소가 모여 있는 곳이 우리가 머무는 '그랜드 히라우'이다. 스키어를 위한 리프트는 겨울에만 운영하지만 관광 곤돌라는 여름에도 운영을 한다. 안누푸리산과 요테이산을 한눈에 담기 위해 그랜드 히라우 곤돌라를 타 보기로 했다. 곤돌라는 애증(?)의 그랜드 히라우 웰컴센터와 알펜Alpen 호텔 사이에서 탄다.

시간이 일러 잠시 알펜 호텔을 들러 보았다. 이곳은 여름 시즌 주말마다 1층 카페 앞에서 미니 장터를 연다. 오전 8시에 시작해서 10시까지 2시간 동안만 하는데 규모는 작아도 가격이 저렴하고 품질은 뛰어나다. 프룬prune, 말린 서양 자두을 하나 사 먹었는데 당도가 보통이 아니었다. 그간 마트에서 사 먹은 것과는 확실히 다른 맛이었다. 그 맛이 잊히지 않아서 이후에도 간간이 마트에서 프룬을 사 봤지만 호텔 주말 장터에서 맛본 그 프룬 맛을 따라가지 못했다.

'핫케이크 700엔, 카페라테 300엔? 오호 호텔에 있는 카페 치고는 생각보다 싼데?'

커피 중독자인 내가 며칠 동안 커피를 못 마셨더니 금단 현상으로 정신이 오락가락했다. 아내가 장터를 돌아보는 동안 슬쩍 카페 메뉴판을 스캔했다. 편의점에서 몇 가지 커피를 사 보았지만 일본인 입맛에 맞춰진 커피는 단맛이 엄청 강했다. 조금 과장되게 표현하자면 '커피 맛 액상과당'을 마시는 듯했다. 맛난 커피에 목말라 장을 보고 호텔 카페로 들어갔다.

"음~ 웩~ 뭔 커피 맛이 이러냐?"

"거봐. 홋카이도는 커피가 맛없다고 했잖아."

역시나 아내가 경고한 대로 커피는 정말 맛이 없었다. 브랜드를 따지지 않고 '카페라테'라면 뭐든 잘 마시고 좋아하는데 홋카이도의 커피는 못 마실 수준이었다. 부드러운 우유 사이로 진한 커피 맛이 배어 나와야 하지만 물 탄 우유에 인스턴트커피 반 숟가락을 녹여 놓은 듯했다. 홋카이도산 우유라 하면 일본에서도 알아주는 수준급인데 어떻게 그 우유를 가지고 이런 맛 밖에 못 내는지.

대충 후루룩 입에 털어 넣고 곤돌라를 타러 호텔을 나섰다. 관광 곤돌라는 여름 시즌 7월부터 9월 말까지 운영한다. 어른 두 명에 2,200엔을 내고 탑승했다. 아이들은 공짜.

"아차차."

"왜?"

"동네만 산책한다 생각해서 50밀리 단렌즈만 달랑 챙기고 풍경용 광각렌즈를 안 가지고 왔어. 흑흑."

높은 산 중턱의 날씨는 변화무쌍했다. 분명 아래는 맑았는데 정상은 구름 속을 걷는 느낌이었다. 갑자기 윤정이가 입을 벌리고 막 뛰어다니기 시작했다.

"윤정아, 입 벌리고 뭐해?"

"아~~, 구름 먹는 거야. 아~~."

"크크크. 그만해. 수정이가 따라 하잖아."

언니 바라기 수정이가 뭔지도 모르고 윤정이가 하는 것을 따라 한다.

"아~~ 쩝쩝, 아~~"

"그만하지? 너 구름 많이 먹으면 혼자 날아간다."

"읔, 퉤!"

보이지 않는 풍경은 좀 이따가 보기로 하고 일단 휴게소에 들어갔다. 간단하게 먹을 것을 사서 쉴 수 있는 공간도 있고, 안누푸리산에서 자생하는 식물과 곤충들을 볼 수 있도록 미니 전시장처럼 꾸며 놓은 곳도 있었다. 비록 일본어를 읽을 수는 없었지만 자연에 관심이 많은 아이는 관찰 삼매경. 아빠는 그런 아이를 카메라에 담는 사진 삼매경. 잠시 둘째 사진을 찍다 보니 윤정이가 보이질 않았다.

"어! 윤정이 어디 갔어?"

"어디 갔겠어? 저기 체험한다고 벌써 줄 섰어."

체험의 여왕 윤정이가 그냥 지나칠 리가 없다. 도토리, 솔방울, 나뭇가지 등 산에서 쉽게 구할 수 있는 재료들로 동물을 만드는 체험을 하겠다며 줄을 서고 있었다. 영어라면 몰라도 일본어를 알아듣기는 힘들 것 같아 말리려는데 굳이 하겠단다. 700엔을 주고 다람쥐 만들기를 선택했다. 다행히 나이 지긋한 선생님이 아주 쉬운 영어로 설명해 주었다. 덕분에 체험이 끝나고 나서 자기가 영어를 알아들었다면서 자랑을 한다.

"아직 초반이긴 하지만 그렇게 해보고 싶다던 한 달 살기를 해본 느낌이 어때?"

정상 휴게소에 있는 놀이방에서 노는 아이들의 모습을 멍하니 넋 놓고 보고 있는데 아내가 질문을 했다.

"음…… 아직도 적응이 안 되네. 여행이라 하면 일정을 꽉 차게 짜고 하나라도 더 보며 다니는 것이 다인 줄 알았잖아. 이렇게 가볍게 보내면 나중에 아쉽지 않을까? 하는 생각이 들다가도 찍기식으로 다녀봐야 뭐가 남나 싶기도 하고."

“맞아. 나도 윤정이랑 제주도에서 한 달 살기 할 때 처음에 적응이 안 되더라고. 그런데 하루하루 보내다 보니 느긋하게 즐기는 법이 저절로 터득되더라. 하루 딱 하나만 깊이 있게 파보고, 마음이 급하지 않으니 전 같으면 그냥 스쳐 지나갈 만한 것도 눈에 들어오더라고. 그리고 무엇보다 아이에게 빨리 움직이자며 소리치지 않아도 돼서 좋았어.”

“그런 것 같아. 그동안 캠핑 다닌다고 애들 이리저리 끌고 다녔는데……. 아이들한테 뭔가 보여 준다면서 사실 우리 기준에 맞췄던 것 같아. 전 같으면 여행지에 와서 이런 놀이방에서만 놀면 마음이 급해지고 뭔가 시간을 허비하는

것 같았거든. 그런데 한 달 살기는 다르긴 하네. 이렇게 멍하니 아이들이 놀이방에서 노는 것만 봐도 좋고. 조급하지 않아서 좋다."

창밖으로 먹구름이 걷히고 파란 하늘이 다시 보이기 시작했다. 충분히 놀았는지 윤정이가 밖으로 나가잖다. 광각렌즈를 챙기지 않아서 시원스런 풍경은 담지 못했다. 하지만 덕분에 아이들과 느긋하게 쉼을 즐겼다. 숙소와 가까운 곳이라 다시 오면 된다고 했지만 결국 여행이 끝나 갈 때까지 다시 오르지는 못했다. 역시 여행은 순간에 충실해야 한다. 다음은 없을 수도 있다.

지금의 가족 모습도 금방 변할 것이다. 순간에 충실하자.

## Travel **Tip**

그랜드 히라우 곤돌라 정보

◇여름 시즌 운영기간: 7월~9월 말

◇운영시간: 09:00~16:00

◇이용료: 성인 1,100엔, 소인 550엔(만 6세 미만 무료)

# 인연은 태풍을 타고

## 태풍 1

'카톡, 카톡'

아침부터 카톡이 난리다. 아이들 하나씩 껴안고 다디단 꿈을 꾸며 자고 있었는데 짜증이 확 밀려왔다. 아내와 내 스마트폰이 동시에 울리기도 하고 따로 소리내기도 하는 것을 봐서 여러 채팅방인 것 같다.

"아침 일찍부터 뭐지? 안 그래도 바람이 많이 불어 잠도 설쳤구먼."

엊저녁부터 날이 좋지 않았다. 매일같이 우리에게 생기를 전해 주던 요테이산이 땅거미와 함께 온통 구름에 둘러 쌓여있었다.

"뭐지? 양가 부모님인데? 태풍? 태풍 어떠냐고 하는데?"

"엥? 그럼 밤새 바람 소리가 요란하더니 그게 태풍 오는 소리였나?"

그러고 보니 창문을 통해 기이한 소리를 내며 밀려들어 오는 바람도 여간 스산한 것이 아니었다.

일본은 태풍에 민감한 나라다. 멀리서 태풍이 생성만 되었다 하면 연일 뉴스에 도배가 된다. 그래도 홋카이도는 일본에서도 가장 높은 곳에 있어 태풍의 영향이 거의 없다고 했다. 그런 줄 알았다. 아니 사실 태풍은 신경도 안 썼다는 말이 맞겠다. 한국에 있는 가족들이 아침 뉴스를 보고 걱정이 되어서 먼저 연락을 한 거다. 일본어를 몰라 그동안 텔레비전을 틀지 않았더니 태풍이 오는 것도 전혀 몰랐다.

텔레비전 속 일본 북부는 난리가 났다. 9호 태풍 '민들레'가 생성과 동시에 일본으로 직행하더니 열도를 따라 홋카이도를 향해 북진하고 있었다. 일본 북부는 이미 비행기, 철도 심지어 버스까지 모두 '운행중단'이라는 한자가 떡하니 보였다.

"어, 운행중단? 그럼 서온이네는 어떻게 오지?"

우리 가족과 여행을 자주 다니던 서온윤정이 보다 한 살 위 언니이네 가족이 오기로 한 날이었다. 우리가 홋카이도에 한 달 살기를 한다고 했을 때 기꺼이 여름휴가를 함께 보내고 추억을 만들어 보자며 중간에 합류하기로 했다.

다행히 카톡에는 비행기를 탔다는 메시지가 남겨져 있었다. 도착하고도 남을 시간인데 아직 답장을 읽지 않은 것이 와이파이를 못 찾은 모양이다.

"여보세요? 우리 도착했어요. 삿포로까지는 어찌어찌 왔는데, 잠시 삿포로에서 구경하고 노는 사이에 니세코로 가는 JR이 운행중단 되어 버렸어요."

서온이 엄마 지현 씨에게서 전화가 왔다. 지현 씨는 아내의 동창이다.

"어쩌죠? 태풍이 점점 심해지는 상황이니 빨리 근처 호텔이라도 알아보세요. 아직 태풍이 홋카이도로 오지도 않았는데 운행중단 한 것을 보면 내일 오전

태풍이 지나갈 때까지는 계속 운행을 안 할 것 같아요."

국내 기상청에 들어가 봤다. 오늘 오후부터 내일까지 홋카이도에 영향을 미치는 것 같다. 우리야 집에 머물면 되지만 서온이네는 얼마나 당황하고 있을까. 잠시라도 연락을 놓칠까 봐 계속 스마트폰을 들고 있었다.

다행히 삿포로 역 근처 호텔을 잡았다는 카톡이 왔다. 같이 보낼 하루가 줄어드는 것은 아쉽지만 비행기라도 떴으니 그나마 다행이겠지. 삿포로에서 시간을 보내지 않고 바로 왔다면 지금쯤 같이 있을 텐데.

누가 홋카이도는 태풍이 오지 않는다 했는가. 불안해서 틀어 놓은 텔레비전에서는 태풍의 일거수일투족을 초 단위로 알려주었다. 이건 뭐 정보를 주자는 건지 불안을 조장하는 건지 분간이 안 되어 껐다가도 혹시나 해서 다시 켜기를 반복했다. 내일이면 렌터카를 받아 본격적으로 여행을 다녀보자 했더니 태풍이 방해한다. 뭐 별수 있나. 사람이 어찌할 수 없는 일이면 일찍 포기하고 다른 대안을 찾는 수밖에. 여행한답시고 놀아 주지 못한 아이들과 밀린 숙제하듯 온종일 뒹굴뒹굴했다.

다음 날. 생전 처음 일본에서 맞이해 본 태풍은 걱정했던 것보다는 조용히 지나갔다. 타국이라는 부담감, 우리 가족 말고는 의지할 곳이 없다는 외로움, 별일 없겠지 하는 막연한 기대감 3종 세트가 수시로 불침번을 자처하고 머릿속에서 임무 교대를 하는 바람에 잠을 좀 설친 것 말고는 나쁘지 않았다. 니세코라는 지역이 높은 산에 둘러싸인 분지 형태라 더 영향이 적었을 것 같다.

고맙게도 숙소 관리 업체에서 직원이 다녀갔다. 더듬거리는 영어로 태풍에 피해가 없었는지 물어보는데 왈칵 감동이 밀려왔다. 하루 동안이었지만 온갖 걱정을 혼자 떠안고 의지할 곳이 없었는데, 그래도 누군가 우리에게 관심을 두고 있구나 하는 생각이 들어서다. 물론 업무 매뉴얼에 따른 자발적이 아닌 의무적인 방문이었다 하더라도 순간의 고마움은 그런 상황을 겪어본 사람이라면 이해가 될 것이다.

아침부터 틀어 놓은 텔레비전에서는 9호 태풍이 큰 피해 없이 홋카이도를 빗겨 나갔고 열차도 정상 운행을 시작했다는 소식을 전해왔다. 그와 동시에 서온이네 가족도 굿찬 역에 도착했다는 메시지를 전해 왔다.

"우리 왔어요. 미안미안. 어제 왔어야 했는데."

고생은 자기들이 했으면서 얼굴에 미안함이 가득하다.

"삿포로 구경하다가 태풍에 발이 묶일 줄이야 누가 알았겠어. 비도 오지 않은 상황이었고 바람만 조금 강한 정도였거든. 그 정도로 기차 운행을 중단 하는 게 정말 이해가 안 가는 거야. 그런데 말이야, 정복을 입은 역장 같은 사람이 확성기에 입을 대고 '운행중단 합니다'라는 이야기를 하는데 아무도, 정말 아무도 말 한마디 없이 줄을 서서 표를 환불받는 거야. 우리나라 같으면 막 소리치고 따지고 뭐 그런 사람도 꼭 있었을 텐데 그치? 그리고 말이야……"

오랜만에, 그것도 외국에서의 조우가 양념처럼 더해지고 태풍을 뚫고 달려온 무용담이 조미료가 되니 두 엄마는 각자의 이야기를 하느라 정신이 없다. 윤정이와 서온이도 쉴새 없이 떠들어 대며 지난 이야기를 꺼내 놓는다. 둘째 수정이만 갑자기 엄마와 언니를 빼앗기고는 아빠한테 치댄다.

생기가 도는 느낌.

# 딸은 아빠를 닮는다

## 밀크공방

결혼 후 생애 첫차14만 킬로를 탄 중고차였다를 샀을 때도 이렇게 기쁘지 않았다. 며칠 만에 받은 렌터카 키를 돌려 떨린 마음으로 시동을 걸었다. 운전대도 반대고 차선도 반대이지만 워낙 차가 없는 동네라 금방 적응이 되었다. 홋카이도에서 한 달 살기를 하는 동안 경적을 들어본 적이 거의 없었다. 내가 누를 일도 없고 누군가 나를 보며 소리치는 경우도 없었다. 여전히 조용하고 남을 배려하는 일본인이다. 딱 한 번 경적을 들었는데 설마 하며 쳐다본 운전석에는 일본인이 아닌 외국인이 앉아 있었다홋카이도는 호주인들이 많이 찾는다고 한다.

마음 같아서는 홋카이도 어디든 갈 수 있을 것 같지만, 아직 운전이 익숙하지 않아서 가까운 '밀크공방Milk-Kobo'에 들렀다. 니세코 지역의 최고 인기 관광명소는 아마도 밀크공방이 아닐까 싶다. 직접 운영하는 다카하시 목장에서 매일 아침 공급되는 신선한 우유로 만든 요거트, 아이스크림, 빵 등은 그 맛이 글로 표현이 안 될 정도다. 목장과 공방이 같이 있기에 가능한 조합인 것 같다.

여기의 최고 인기 메뉴는 소프트아이스크림과 우유 젤라또. 유지방이 많아

느껴지는 느끼함이 아니라 생우유의 풍부하면서도 깔끔하고 시원한 맛이 강해서 좋다. 이곳 우유 아이스크림을 맛보고 나면 그동안 먹어 본 우유 아이스크림은 그냥 이름만 '우유 맛'이었구나 하는 허탈감이 들 정도다. 동시에 여길 떠나고 나면 이제 어디서 이런 맛을 보지? 하는 걱정까지 먼저 들 정도다.

우유로 만든 아이스크림뿐만 아니라 빵 종류도 인기 메뉴. 한층 한층 벗겨 먹는 케이크인 '미루쿠헨'이 인기인데 개인적으로는 단맛이 강해서 호불호가 갈릴 것 같았다. 대신 슈크림과 치즈타르트는 진한 치즈의 맛이 고소하면서도 느끼하지 않아서 좋았다. 또 아이스크림 말고도 요거트는 꼭 먹어 봐야 한다. 단맛이 약하게 나면서도 뻑뻑하지 않고 우유처럼 부드럽게 넘어가는 것이 빵과 아주 잘 어울린다.

이후에도 주변 여행을 다녀오면서 밀크공방에 수시로 들렀다. 니세코를 떠나면서 이제 더는 밀크공방의 요거트와 아이스크림을 먹지 못한다는 것이 가장 아쉬웠었다.

焼き菓子詰合せ
¥2,940
¥2,940
Drinking yogurt
のむヨーグルト
150ml
500ml
¥160
¥370
見本
sample
見本
sample
ニセコ
アイスクリーム
ミルク
W セット
130ml × 20
税込 ¥5,600

차도 생겼으니 본격적으로 냉장고를 채워야지. 밀크공방을 나와 간단히(?) 마트를 털고 숙소로 들어왔다.

일상을 떠나 여행을 나섰지만 마냥 놀 수만은 없다. 내년에 초등학생이 되는 윤정이는 다른 것은 몰라도 한글 정도는 익히고 가야 한다. 아빠가 저녁을 준비하는 동안 거실 탁자를 책상 삼아 엄마와 딸이 마주 앉았다.

전쟁의 시작이다. 순조롭게 진행되는 경우도 가끔 있지만, 보통은 끝이 좋지 않다. 중이 제 머리 못 깎는다 했다. 운전도 부부간에 가르치지 말라던데 공부도 그와 같은 것 같다. 더 놀고 싶어 뭉그적거리고 피해 갈 궁리만 하는 아이에게 엄마는 차라리 빨리하고 놀지 그걸 못 한다고 뭐라고 한다.

뭐 나도 그랬던 것 같다. 책상 앞에 앉으면 갑자기 목이 마르고 배가 아픈 것 같았다. 연필은 딱! 원하는 만큼 뾰족하게 깎아야 공부가 되었다. 지우개와 연필을 대충 아무 데나 두고는 어디 있느냐고 엄마한테 물어보면, '네가 둔 걸 네가 알지!'라는 뻔한 핀잔을 듣기 일쑤였다. 맨날 혼나면서도 지우개 가루는 대충 손으로 책상 아래로 쓸어버리기 선수였고, 공부 그만하고 잠을 자라고 할 때는 고집 피우며 더 한다고 난리쳤었다.

오늘도 역시나 전쟁은 길어지고 나에게는 살얼음판이 이어진다. 딸의 마음도 이해가 되고 엄마의 심정도 이해가 되니 누구의 편을 들 수도 없다. 도와주지 못할 거라 훈수도 마른 침과 함께 삼켜버린다.

'짝꿍, 근데 그거 알아? 사실 내가 그랬어. 가끔 윤정이 공부시키는 모습을 보면서 왜 웃냐고 물었지? 크크 예전의 날 보는 것 같아서. 엄마한테 혼나도 돌아서면 바로 잊고 장난감 가지고 '피웅, 피웅' 놀았지. 엄마도 그런 날 보며 어처구니가 없으셨을 거야. 짝꿍이 지금 윤정이를 보는 것처럼 말이야. 왜 그걸 이야기 안 했냐고? 그랬다가는 '이게 다 당신 유전자 때문이야!'라는 놀림을 계속 받을까 봐. 공부시킬 때마다 미안해해야 하니까.'

Travel **Tip**

홋카이도 운전

도심을 벗어나면 고속도로를 제외하고는 50~60㎞ 도로가 대부분이다. 소도시 간을 이동할 때 양쪽 차선을 통틀어 30분 동안 차 한 대 지나가지 않는 경우도 많은 한적한 도로에서 규정 속도를 지키는 것은 눈앞에 초콜릿 퐁듀를 가져다 놓고는 손을 묶어 놓은 격이다. 나도 모르게 속도가 오르게 된다. 이곳에서 운전하다 보면 낮은 속도를 계속 유지하기가 생각보다 어렵다는 것을 알게 될 것이다.

조금씩(?) 속도를 내기도 했는데 한 달 내내 과속 단속 카메라는 본 적 없었다. 그만큼 일본인들은 알아서 규정을 잘 지키는 편이라는 뜻이다. 뭐 과속을 하라는 뜻은 아니고 마음이 바쁘지 않도록 일정을 빠듯하지 않게 짠다면 운전이 어렵지 않다는 뜻이다. 나 아니면 앞지르기하는 차도 없었으니까.

혹시 모르니 국제운전면허증과 여권은 항상 가지고 다녀야 한다. 또한 낮에는 차가 가끔 다니기에 헷갈릴 일이 없는데 밤에는 역주행하는 듯한 자신을 보며 놀랄지 모른다. 밤 운전은 특히 조심하는 게 좋다. 그리고 마지막! 깜빡이 스위치와 와이퍼 스위치가 서로 반대인 것은 한 달이 지나서도 결국 적응 안 되었다. 틀려도 사고 나지는 않으니 그냥 웃고 넘길 여유를 가지자.

채식뷔페 프라티보(PRATIVO)

밀크공방 옆에는 '프라티보'라는 채식뷔페가 있다. 그날의 메인 식사에 간단한 뷔페가 제공된다. 가짓수는 얼마 되지 않지만 대신 공방에서 판매하는 요거트와 카스텔라 등이 무제한으로 제공되는 것이 마음에 들었다.

만약 식사시간에 프라티보를 방문할 계획이라면 공방에서 빵과 요거트는 미리 맛보지 않아도 되겠다. 넓은 창문으로 바라보는 요테이산은 식사의 맛을 한층 업그레이드해 준다. 공방의 빵과 요거트만 먹어도 본전 뽑는 기분.

◇밀크공방 영업시간: 9:30~17:40

◇프라티보 영업시간: 11:00~16:00

◇전화번호: 0136-44-3734

◇http://www.milk-kobo.com

## 홋카이도 마트 구경

홋카이도 한 달 살기를 하면서 주로 가던 맥스밸류Maxvalu 마트. 니세코는 작은 마을이라 홋카이도 도심마다 있는 대형 마트인 이온Aeon이 없었다. 대신 맥스밸류라고 이온 마트의 식품관과 약국, 잡화점 몇 개가 모인 편집숍 같은 마트가 있다. 전체적으로 물가는 우리나라와 크게 차이 나지 않는다. 과일류는 조금 비싸고 연어와 오징어, 생선 등 해산물은 훨씬 싼 편이다. 굿찬 시내에 '럭키Lucky'라는 마트도 비슷한 규모이다.

### 홋카이도의 명물 옥수수

홋카이의 명물 중 하나인 옥수수는 당도가 아주 높고 수분이 많다. 심지어 생으로 먹어도 전혀 어색하지 않을 정도다. 마트에서는 하나에 150엔 수준. 관광지에서는 나무젓가락에 꽂아서 팔기도 한다.

## 과일이 비싼 홋카이도

홋카이도는 위도가 높고 겨울이 길어 과일류가 비싼 편이다. 작은 사과 한 개에 200엔이니 약 2,000원이 넘는 수준. 감히 사 먹을 수가 없을 정도였다. 홋카이도 특산물인 '유바리 멜론'은 600엔 정도이며 크기에 따라 1,200엔에서 싸게는 400엔짜리도 있다. 일반적으로 우리가 아는 연녹색의 머스크 멜론과 좀 다르다. 호박색에 가까운 주황색이며 평소에 맛보던 멜론보다 훨씬 당도가 높다. 관광지에 가면 길거리에 반달 모양으로 잘라서 파는 경우도 있으니 꼭 맛보길.

## 주전부리로 딱인 가리비 관자

홋카이도는 가리비나 오징어, 연어 말린 것 등 건어물 종류도 많고 맛도 있다. 가리비는 알아주는 편이지만 가격은 싸지 않고, 연어는 가격이 저렴하고 품질이 아주 좋은 편이다. 국내에서 사 먹던 가격과 비교하면 대략 1/2 정도. 한국 가면 비싼 몸, 실컷 먹고 가자 싶어 하루걸러 하루는 연어 요리를 먹은 듯하다.

### 홋카이도 또 다른 자랑 오징어

홋카이도산 오징어 또한 최고의 품질을 자랑한다. 가격도 저렴한데 냉동이 아닌 생물이라 어떤 요리를 해도 부드러우면서도 쫄깃한 식감이 최고였다. 특히 몸통을 오징어순대로 만들고 남은 다리를 따로 파는데 가격이 저렴해서 다리만 사서 볶아 먹기도 했다. 100엔 정도면 오징어 다리를 어른 두 명이 먹을 만큼 살 수 있다.

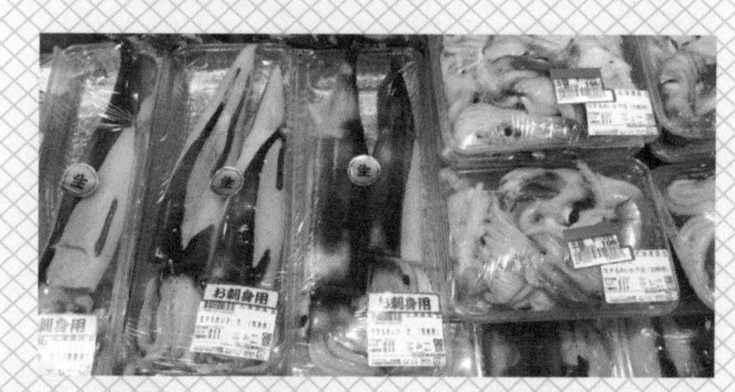


### 유부초밥은 딱 유부만 판다

주변 여행을 나갈 때는 보통 유부초밥, 볶음밥, 샌드위치 등을 만들어서 나갔다. 유부초밥은 우리나라처럼 양념이 포함된 것이 없다. 유부만 사서 식초와 설탕을 넣어 초밥을 만들고 '후리가케'를 뿌려서 우리나라 유부초밥과 비슷하게 만들어 먹으면 된다. 후리가케 종류는 상상을 초월할 정도로 많다. 대충 뿌린 후 주먹밥을 만들어 도시락을 싸면 간단히 투어를 나갈 때 좋았다. 특히 매콤한 고추냉이 후리가케는 밥도둑.

### 생활비 대부분을 차지한 맥주

맥주 천국이라 감히 말할 수 있을 정도로 다양한 맥주가 있었다. 계절별 한정판 맥주도 먹을 만했고 홋카이도에서만 맛볼 수 있는 삿포로 클래식도 즐겨 마셨다. 일본은 주세가 싼 발포주가 많다. 몰트의 바디감을 좋아하는 사람은 발포주보다는 100% 몰트의 맥주가 좋겠고 깔끔한 것을 좋아하는 사람은 옥수수나 쌀이 함유된 발포주도 좋겠다.

### 홋카이도에는 지역별 소규모 맥주 브로이어가 여럿 있다

삿포로, 오타루, 하코다테Hakodate, 函館 등 주요 지역에는 대부분 유명한 현지 소규모 맥주 양조장이 있다. 일반 맥주보다 조금 비싸긴 하지만 언제 또 맛을 볼 수 있겠냐 싶어 자주 마셨다. 지역마다 나름의 호모, 홉을 사용해서 개성 있는 맥주를 맛볼 수 있다.

### 여자들이 특히 좋아하는 호로요이

여자들에게 특히 인기인 호로요이는 도수가 3% 정도로 술보다는 음료수에 가깝다. 홀짝홀짝 마시다 보면 앉은자리에서 일어나지 못한다고 해서 앉은뱅이 술이라고 불린다. 우리나라에도 몇 종류가 들어오지만 일본 마트에는 정말 많은 종류가 있었다.

### 마트는 오후 4시 이후에

보통 육류는 당일 생산해서 다음 날까지 판매하는 편이다. 그때까지 판매가 안 되면 그 다음 날 오전에 20~30% 정도 할인했다가 오후 4시가 넘으면 반값까지 할인한다. 그래서 보통 투어를 나갔다가 들어오는 길에 마트에 들르면 저렴하게 식재료를 구할 수 있다. 할인 제품은 미리 사서 냉동해 놓으면 생활비가 절약된다. 회를 좋아하는 일본인들이라 마트에서도 횟감을 신선하게 포장해서 판매하며, 저녁에는 당일 떠서 포장한 회도 할인한다.

# 간섭쟁이 사장님

## 송어낚시터

아빠가 육아휴직을 하는 바람에 덩달아 윤정이도 어린이집을 떠나야 했다. 한동안 또래와 놀지 못해서일까. 서온이와 윤정이는 원래도 친했지만 이제는 죽고 못 사는 사이가 되었다. 밤마다 둘이서 수군덕거리더니 공연을 한다고 난리다. 자기들끼리 율동을 준비하여 공연하고, 그것을 보며 좋아하는 아빠 엄마를 보면 뭔가 뿌듯함이 느껴지나 보다. 대회라도 참가하는 듯 세상 진지하다.

덕분에 부모들도 신났다. 아이들의 공연을 보며 웃고 떠들다 보니 시간 가는 줄도 몰랐다. 아무 곳에도 속하지 못했던 둘째가 배고프다고 부린 투정이 아니었으면 점심도 거를 뻔했다. 아침인지 점심인지 구분하기 어려운 아점을 먹고 오후 일정을 고민했다.

"지현 씨, 오늘 어디 가고 싶어요?"

"그건 운전 기사님이 결정해야죠. 저희는 아무 데나 좋아요."

'객'은 굳이 부담 갖지 말라고, 아무것도 안 해도 좋다며 알아서 정하라 하고, '주인'은 객이 조금 더 좋은 추억을 만들어 가길 바란다며 선택권을 넘긴다.

아니, 어쩌면 서로에게 고민하라고 등을 떠민 것인지도 모르겠다.

숙소에 비치되어 있던 주변 관광지도를 보다가 '송어낚시터'가 눈에 띄었다. 숙소와 멀지 않아 지나다니면서 간판을 봐 온 터라 금방 찾을 수 있었다. 흐르는 개울을 막아 만든 낚시터인데 평소 우리나라에서 흔히 보던 인공 낚시터와는 달리 자연 그대로를 살려 놓아 사진 찍기에도 좋았다. 입장료를 내고 낚싯대와 떡밥을 받았다. 한국에서 낚시터에 가본 적이 없어서 요금이 비싼지 싼지는 모르겠지만, 우리나라에서 쉽게 해볼 수 없는 연어와 송어를 낚아 볼 수 있다는 것에 만족하기로 했다.

낚시터 사장님은 영어 같은 일본어와 일본어 같은 영어를 묘하게 섞어서 설명해 주었다. 대충 느낌으로는 입구에 있는 네모난 낚시터는 20~30㎝ 정도 길이의 무지개송어가 있고, 안쪽 계곡에는 40㎝ 이상의 연어와 송어류가 있다는 것으로 이해를 했다. 그리고 낚시 체험을 하는 동안에 잡은 것은 놓아주거나 추가로 돈을 내면 가져갈 수 있다고 했다.

“아빠, 아빠, 아빠~~ 잡은 것 같아.”

“어, 어……. 와! 윤정아, 우리가 먼저 잡았어.”

시작하자마자 20㎝짜리 송어가 금방 미끼를 물고 올라왔다. 아이와 인증 사진을 찍고 있자니 사장님이 쪼르륵 달려와서 바늘을 풀고 놓아준다. 물고기들 입이 다친다나?

아! 이것이 ‘손맛’이구나. 뭔가 ‘맛’을 보면 안 되는 것을 ‘맛’본 느낌이다. 이래서 사람들이 낚시에 빠지는구나 싶다.

“엄마, 왜 우리는 안 잡혀? 자리를 옮겨 볼까?”

서온이 쪽에서는 아직 감감무소식이다.

“엄마, 떡밥을 더 줘야 하는 것 아냐? 윤정이는 잡았는데 왜 우리는 못 잡아?”

아직 손맛을 못 본 서온이가 입을 삐쭉거리며 엄마한테 보채기 시작할 때쯤 서온이네서도 소식이 왔다. 인증 사진을 남겨주고 조금 더 강한 손맛을 보기 위해 안쪽 낚시터로 이동했다.

30㎝ 이상의 송어는 물론 50㎝ 이상 되는 연어도 제법 보였다. 그런데 여기는 입구 쪽 낚시터에 있던 작은 물고기들과는 달랐다. 미끼를 걸고 속이 훤히 들여다보이는 물속을 아무리 흔들어 봐도 쳐다도 안 본다. 물고기들의 노련함이 묻어났다. 보통은 물속이 안 보이는 곳에서 낚시를 하지만 여기 강물은 무척이나 깨끗해서 바닥의 나뭇잎 하나까지 훤히 보였다. 배가 불러 그러나 싶다가도 바늘에서 미끼가 빠지면 잽싸게 먹어버린다. 음 바늘을 구분하는군.

떡밥을 콩알같이 뭉쳐 몇 개 던져 보았다. 물에 파장을 보더니 서로 싸우며 달려들었다. 옳거니. 벌레가 물 위에 떨어지는 것처럼 하면 되겠구나.

"윤정아, 이 떡밥을 지우개 똥처럼 작게 뭉쳐서 던져봐."

"지우개 똥? 크크. 이렇게?"

"어, 그걸 하나씩 하나씩 던지는 거야. 그럼 아빠도 타이밍을 맞춰서 미끼를 던질게. 자~ 시작!"

몇 개 뭉친 떡밥을 던지고 있노라니 사장님이 또 '쪼르륵' 와서는 하지 말란

다. 던지는 것이 아무 의미 없다고. 표정을 보아하니 정말 의미가 없어 그런 건 아닌 것 같다. 뭔가 걸리는 게 있구나 싶었다.

윤정이하고 같이 손잡고 하던 낚싯대는 이미 나의 전용이 되었다. 사장님 눈치 보며 윤정이가 몰래 던진 '떡밥 신공'에 50㎝ 정도의 연어가 덥석 걸려들었다. 연어의 힘이 대단했다. 힘들게 걷어 올리고 있는데 또 득달같이 와서는 "투빅 투빅" 하면서 너무 커서 가지고 나갈 수 없단다. 그러더니 사진 찍을 시간도 안 주시고 잽싸게 풀어 주는 사장님. 아놔.

결국 연어의 얼굴은 더는 못 봤고, 1시간이 끝나 갈 무렵 30㎝가 조금 넘는 무지개송어 한 마리를 마지막으로 잡았다. 손질이 두려워 놓아주고 가자니깐 윤정이가 굳이 가져가서 먹어야 한단다. 미끄덩거리는 송어를 손질해서 오븐에 투하. 아이들 배 속으로 들어갔다.

Travel **Tip**

니세코 송어낚시터

◇운영시간: 10:00~16:00

◇입장료: 낚싯대 한 개 기준 1시간 1,700엔

◇잡은 고기 반출: 1kg당 2,000엔을 추가로 내면 잡은 고기를 가져갈 수 있다.

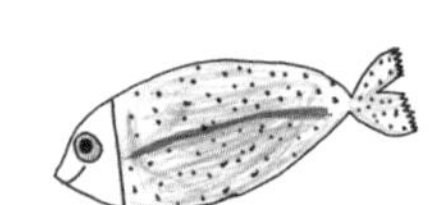

# 가족에도 인연이 있다
## 삿포로 마루야마 동물원

"왜, 벌써 가려고요? 불편했어요?"

"아니요. 전혀요. 정말 좋은데 서온이가 '비에이'의 꽃밭을 꼭 보고 싶다고 해서 어쩔 수가 없네요. 미안해요."

원래 일주일 정도를 같이 있기로 했었는데, 서온이가 여행 책자에서 꽃이 가득한 비에이-후라노 투어를 보고는 꼭 가보고 싶다고 했단다. 하루 늦게 온 것도 모자라 계획보다 먼저 떠나겠다니…….

서운한 생각이 들었지만 아이가 하고 싶다는데 말릴 수가 없다. 게다가 삿포로에서도 북쪽으로 4시간은 족히 올라가야 하는 곳이라 니세코에서 바로 가기는 어려운 곳이다. 그래서 계획보다 하루도 아니고 이틀을 먼저 삿포로로 가서 다음날 비에이-후라노 버스투어를 한단다.

"짝꿍, 우리도 삿포로로 따라갔다 올까?"

"자기 친구도 아니면서 정말 서운한가 보네."

"아니, 뭐…… 겸사겸사."

"난 좋아. 안 그래도 여행 기간에 한국 가지고 갈 선물들도 사고 삿포로 동물원도 구경할 겸 한번 가려고 했었어."

"우와! 아빠, 그럼 우리 언니 따라가는 거야? 우와!"

서운한 마음에 입이 툭 튀어나와서는 괜스레 투정 부리던 윤정이도 얼굴에 꽃이 피었다. 미안해하던 서온이도 한시름 놓고 다시 둘이 하나가 되었다.

홋카이도 준비를 하는 과정에서 인기 관광지 중 하나인 아사히카와 시 아사히야마동물원Asahiyama zoological park, 旭山動物園이 눈에 띄었었다. 남쪽에 있는 니세코에서는 적어도 5시간은 운전해야 갈 수 있는 북쪽에 있어 포기했었는데 서온이네와 함께 삿포로에서 동물원에 가보는 것도 나쁘지 않을 것 같았다.

차가 작아서 서온이네를 먼저 굿찬 시내 근처 버스 정류장으로 데려다주고 우리도 서둘러 삿포로로 향했다. 며칠 동안 운전을 해봐서 무리가 없을 것 같았는데, 삿포로가 점차 가까워지자 신호도 많아지고 일방통행도 제법 보인다. 땀으로 손이 젖을 때쯤 삿포로 '마루야마동물원Maruyama zoo, 円山動物園'에 도착했다.

어른들만 600엔씩 내고 들어갔다. 나중에 알게 되었는데 1,000엔이면 연간 회원이 될 수 있단다. 365일과 1일의 차이는 단 400엔이라는 것을 알고 아까운 생각이 들었다. 물론 1년 이내에 다시 올 일도 없지만 말이다.

준비해 온 샌드위치로 점심을 해결하고 동물원 산책을 시작했다동물원 가운데에 있는 원숭이관에는 휴게소가 있어 가지고 간 음식을 먹고 쉴 수 있다. 규모가 크지 않은 동물원이지만 우리나라에서 흔하지 않은 동물들이 많아서 아이들의 반응이 뜨거웠다.

특히 처음 본 스라소니는 의외로 놀라웠다. 얼굴은 고양이처럼 생겨서는 생각보다 덩치가 무척이나 컸다. 게다가 눈앞에서 생고기를 바로 먹는 모습은 오싹한 느낌마저 들게 했다. 이외에도 불곰, 에조 사슴 등 처음 접하는 동물과 각종 원숭이와 침팬지 같은 유인원류가 많았다. 역시 원숭이를 좋아하는 일본답다.

관람을 시작할 때부터 날씨가 끄물끄물하더니 기어이 비가 오기 시작했다. 급하게 출발하면서 우산도 챙기지 못했는데 다행히 같은 동물을 실내와 실외에서 동시에 볼 수 있게 되어 있고 실내가 상당히 깨끗해서 크게 불편하지 않았다. 다만, 오후 4시쯤 곧 영업이 종료된다는 방송이 유난히 귀에 거슬렸다. 비 때문에 삿포로 시내 관광은 힘들 듯하고 그렇다고 이대로 헤어지기는 아쉽고. 좁은 차에 일곱 명이 구겨 타고도 하나 불편함 없이 삿포로 역으로 향했다.

40년 넘게 살면서 많은 친구가 옆에 있다가 사라지고 다시 만나기를 이어 가고 있다. 30대까지만 해도 나와 뜻이 잘 맞는 친구가 최고였다. 나와 나이가 비슷하거나 관심 분야가 같거나 하면 쉽게 친해지고, 그중에 몇몇과는 죽고 못 사는 사이로 발전하기도 했었다. 그렇게 좋았던, 영원할 것만 같았던 친구들과도 내가 결혼하고 가족을 이루면서 서서히 만나기가 힘들어졌다.

나의 관심은 오직 가족으로 향하고 공통 관심사도 아이의 일상으로 수렴되다 보니 지인들과의 대화 주제는 가족과의 일상이 대부분. 그러면서 비슷한 시기에 가족을 이루지 못하거나 또래의 아이가 없는 경우는 점점 공감을 얻기가 쉽지 않았다.

가끔 생기는 모임에 나가서도 혼자 홀가분한 기분이 들기는커녕, 집에서 아이들과 씨름할 아내가 걱정되고, 아이들 자기 전에 들어가야 '아빠~~'하며 뛰어

나올 아이들을 한 번이라도 더 안아 줄 텐데 하며 마음이 바빠지기 일쑤였다.

반면, 가족과 가족끼리의 만남, 또래의 아이들이 함께하는 가족 모임은 그런 미안한 감정 없이 점점 편하게 느껴졌다. 나만의 인연이 아니라 가족의 인연으로 자연스럽게 변화되는 과정이리라.

나는 '인연'이라는 말을 참 좋아한다. 사전적 의미에서 인연因緣은 '사람 사이에 맺어지는 관계'다. 인因, 인할 인은 원인과 그에 따른 결과를 직접 만든 힘이고 연緣, 인연 연은 우연히 이루어진 간접적인 힘이다. 그러니깐 사람과 사람 사이가 맺어지는 것은 인위적인 것과 우연적인 것이 모두 포함된다.

결혼은 해야 할 시기에 옆에 있는 사람과 한다는 말이 있다. 아무리 좋아해도 너무 어릴 적 만남은 장기간 이어지기가 정말 어려운 것 같다. 인연이라는 것이 그런 것 같다. 적당한 시기에 내 옆에 있었기에 함께할 수 있고, 필요한 시기에 우연히 함께 했기에 인연이 된 것이다.

가족을 이루면서 '인필요한 시기'의 영향을 특히나 받는다. 쉽게 약속을 잡고 전처럼 홀가분하게 다닐 수 없다. 언제나 가족이 먼저이고 가족과 함께하게 된다. 부모만 뜻이 맞는 가족이라고 다 되는 것도 아니다. 아이들이 서로 성향이 맞지 않아 만날 때마다 싸운다든지, 아니면 성性이 달라 부담스러운 나이가 된다든지 하면 함께하기 쉽지 않다. 가족에도 인연이 있고 그것이 잘 맞아야 오래 간다. 그런 점에서 서온이네 가족은 '인연'이다.

만남과 떠남에 아쉬움이 남는 순간이다.

먼 타국, 며칠 같이한 시간 속에서 그 소중함을 다시 한 번 느껴본다.

Travel **Tip**

마루야마 동물원

◇운영시간: 09:00~16:30(겨울철 16:00 종료)

◇입장료: 성인 1회권 600엔, 연간회원권 1,000엔, 소인 무료

◇주차: 700엔(온종일)

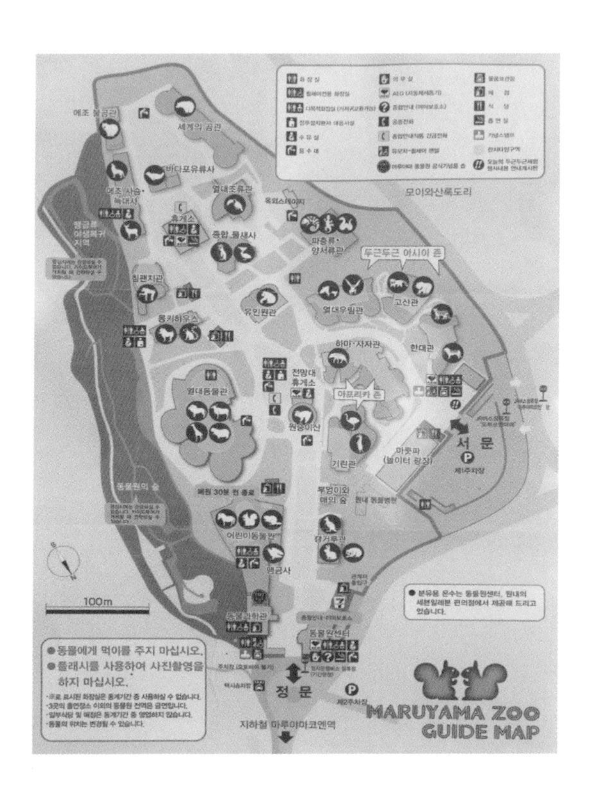

## 홋카이도 주전부리

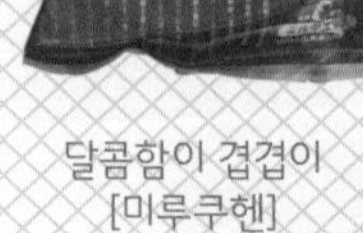

달콤함이 겹겹이
[미루쿠헨]

얼려 먹으면 더 맛있는
[르타오 치즈케이크]

샤방샤방 샤르륵 입안에서
녹아버리는 [치즈타르트]

생 초콜릿의 명품
[로이스 초콜릿]

홋카이도판 쿠크다스! 이름까지 매력적인
[하얀 연인_시로이코이비토]

청출어람! 우유를 뛰어 넘는
[노무(마시는) 요구르트]

르타오 치즈케이크 맛을 이젠 쿠키로 즐기자
[이로나이 프로마주_르타오 치즈 쿠키]

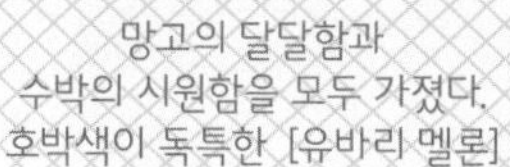

망고의 달달함과
수박의 시원함을 모두 가졌다,
호박색이 독특한 [유바리 멜론]

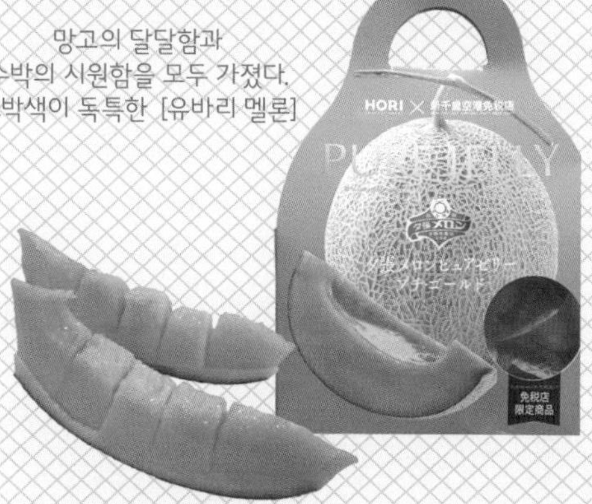


아삭아삭! 톡톡! 소리까지 즐거운 맛.
삶지 않고 생으로 먹어도 맛있는 [옥수수]

온천욕 후 잇템!
홋카이도산 추억의 [병우유]

탱글탱글 쫄깃함이 일품!
[곤약젤리]

오직 홋카이도에서만
맛볼 수 있는 [야키토우키비]

지금까지의 우유 아이스크림은 잊으시길!
홋카이도산 신선한 우유가 만든 마법의 [우유 아이스크림]

단짠단짠의 진수! 홋카이도산 오징어순대 [이카메시]와
그 친구들인 [ 이카타로우] & [가리비]

## 그들은 '샤코탄 블루'라고 부른다
### 카무이미사키

"집이 조용하네."

든 자리는 몰라도 난 자리는 안다고 했다. 잠깐이었지만 함께했던 서온이네가 떠나고 맞은 아침 공기에 서운함이 묻어 있었다. 그들이 남겨 놓고 떠난 아쉬움인지 우리가 내뿜은 기운인지 모르겠지만, 가만히 있으면 침대를 뚫고 내려갈 만큼 기분이 가라앉을 것 같아 바삐 움직여 보기로 했다. 기왕이면 먼 곳으로.

대충 씻는 둥 마는 둥 서둘러 차에 올랐다. 목적지는 샤코탄반도. 가고 싶었던 버킷리스트 중에서 가장 먼 곳으로 정했다. 내비게이션은 베이스캠프인 니세코에서 샤코탄반도로 가는 길을 오타루 방향의 요이치Yoichi쪽으로 제안했다. 하지만 조금 멀리 돌더라도 푸른 바다를 끼고 달리는 것이 좋을 것 같아 니세코에서 이와나이Iwanai 해안도로를 따라 샤코탄반도로 가는 것으로 정했다.

이와나이에서 샤코탄반도까지 이어지는 해안도로는 홋카이도 남부에서도 손꼽히는 드라이브 명소이다. 50㎞ 정도의 거리를 해안도로를 따라 바다와 함께 달렸다. 관광객이 주로 찾는 지역이 아니라 그런지 한적한 어촌 느낌이었다.

우리나라 일부 해안도로에 어김없이 보이는 번쩍번쩍한 횟집 간판 같은 것은 눈 씻고 보려야 볼 수 없었다. 푸르름과 파도 그리고 그와 어깨를 나란히 하고 달리는 우리만 있을 뿐이었다.

한 절반쯤 달렸을까? 터널을 지나자마자 커다란 고깔 모양의 섬이 나타났다. 구글 지도에서는 이 섬의 이름이 '벤텐弁天島'이란다. 일본에서 벤텐이라는 이름의 섬이 50개가 넘는다고 한다. 그만큼 이름 없는 섬에 흔히 붙이는 명칭이다. 흔한 이름의 섬 하나가 이렇게 예쁘다니. 정말 천혜의 자연환경을 물려받은 복 받은 홋카이도라는 생각이 들었다.

분명 이와나이에서 시작된 해안도로 옆 바다는 일반적인 바다색과 같았다. 하지만 샤코탄반도와 가까워지자 바다 색깔도 점점 진하면서도 투명한 파란

색이 되어 갔다. 소문으로만 듣던 '샤코탄 블루Shakotan Blue' 색의 바다를 만날 수 있을 것 같은 기대감이 점점 커진다. 우리의 목적지인 샤코탄반도의 바다 색깔을 그 어떤 단어로도 표현할 수 없을 정도라 하여 '샤코탄 블루'라고 부른다고 한다.

벤텐섬을 지나서도 카무이미사키Kamuimisaki, 神威岬에 도착할 때까지 차를 몇 번은 더 세웠던 것 같다. 다행히 아침나절에 처지던 기분은 한결 가벼워졌다. 마치 영화에서나 볼 법한 해안 절경이 끊임없이 이어졌다. 수많은 유혹(?)을 겨우 이겨내고 카무이미사키에 도착했다.

주차장에서 카무이미사키 전망대제일 끝부분까지는 왕복 1시간 정도 걸린다. 중간중간 사진 찍는 시간까지 고려하면 1시간 30분도 부족하다. 준비해 온 샌드위치로 점심을 해결하고 본격적인 투어를 위해 출발하려 할 때 한 무리의 한국 사람들이 지나갔다. 카랑카랑한 목소리의 한국 가이드가 앞장서고 있었다. 반갑기도 하고 혹시 우리가 모르는 좋은 정보를 줄 것 같아 귀를 쫑긋 세웠다.

"30분 후에 다시 출발해야 합니다. 화장실 다녀오시고 저기 보이는 '여인금제의 문'까지만 다녀오세요. 끝까지 다녀오려면 1시간이 넘게 걸리는데 크게 볼 거는 없어요."

뭔가 대단한 정보를 기대했던 우리는 피식 웃음이 났다. 패키지여행이 아닌 자유여행으로 오길 백번 잘했구나. 만약 우리도 저 무리에 있었다면 가이드의 말만 믿고 문 뒤까지는 가보지 못했겠지. 샤코탄 블루의 바다를 직접 보지 않고 카무이미사키를 다녀왔다 할 수 있을까.

'카무이'는 아이누어로 '정령'이나 '신'을 뜻한다. 홋카이도의 토착민인 아이누인들은 여기를 신성한 신들이 사는 곳이라 여겼다. 마치 용이 승천하는 듯한 모습과 짙푸른 바다를 보며 충분히 그리 생각할 수도 있겠구나 싶다. '미사키'는 '곶바다를 향해 뾰족하게 뻗은 땅'이라는 뜻이다.

카무이미사키 끝으로 향하는 길. 언덕 위에 '여인금제의 땅女人禁制の地'이라는 글씨가 쓰여진 문이 보인다. 여자들이 올 수 없는 땅이라니. 아이누인들에게 전해 내려오는 이야기로 여자들이 배를 타면 풍랑을 만나 배가 침몰한다고 믿었다. 그래서 신성한 땅인 '카무이곶'에도 여자들이 오지 못하게 했었다.

물론 지금은 '여인금제의 문'만 남아 있고 남녀가 지나다니는 데 아무런 문제가 없다. 예전에는 지나다니지 못했을 문을 아무렇지 않게 걷다 보니 우리의 딸들이 속설이 진실로 여겨지던 시대가 아닌 지금 시대에 태어난 것만으로도 다행인가 싶었다. 차별과 편견 없는 환경에서 마음껏 꿈을 실현하며 살기를 바

라는 마음으로 여인금제의 문을 지나 카무이미사키로 향했다.

좁고 울퉁불퉁한 길을 따라 40분쯤 걸어가면 끝에 닿는다. 난간 옆으로 멀리 카무이미사키 끝이 살짝 보인다. 길쭉한 카무이곶이 마치 누워있는 공룡의 머리 같았다. 그 앞에 있는 '카무이이와'를 한입에 삼키려는 듯한 모습이 아이누인들에게 신성한 곳으로 섬기게 만든 것이 아닌가 생각해 본다.

둘째를 계속 안고 갈 자신이 없어 가지고 온 유모차는 좁은 길과 계단 덕에 아이 보다 더 짐이 되었다. 대충 접어 한구석에 버려두고는 아이를 안고 걸음을 이어 나갔다. 구름이 오락가락하더니 갑자기 회오리바람이 불기 시작했다. 길을 따라 한 편은 구름 하나 없이 맑은데 다른 쪽은 회오리바람이 무서운 속도로 달려오고 있다. 어렵게 먼 길을 달려온 샤코탄반도인데 '샤코탄 블루'의 바다를 보지 못하고 돌아가야 하나 싶어 마음이 급해졌다.

"이거, 여자 셋이랑 같이 와서 그런 거 아냐? 크크"

"여자 셋한테 혼나 볼래?"

가무이미사키로 향하는 길을 가운데 두고 오른쪽은 회오리와 비바람이 몰려오고 있고 왼쪽은 푸른 하늘이 이어진다. 드라마틱한 풍경이 신성한 땅에 발을 디뎠음을 느끼게 해주었다.

둘째가 점점 무거워지고 숨이 턱에 닿을 때쯤, 샤코탄반도의 바다가 발아래로 가까이 다가왔다. 정말 생전 처음 본 색이다. 그동안 내가 알던 그 어떤 푸른 계열의 색깔 단어를 다 생각해 봐도 어울리지 않는다. 뭔가 다른 푸른색. '샤코탄 블루'라는 단어만이 어울릴 것 같은 그런 색이었다. 감탄사가 절로 나왔다. 흐린 날씨 덕분에 못 볼 줄 알았던 그 바다색을 만난 것이다. 아이의 반응은 실로 폭발적이었다. 감탄에 감탄을 이어갔다.

"아빠, 태어나서 처음 본 색깔 같아! 너무 예뻐서 내 스케치북에 담고 싶어."

"응, 아빠도 처음 본 색깔의 바다야."

그런 바다를 우리는 말없이 한참을 쳐다보고 있었다. 절대 잊지 않을 심산으로 눈에 담고 또 담았다. 바다도 담고 아이들의 모습도 담고. 가족 모두를 눈 그리고 가슴에 갈무리했다. 눈을 감아도 다시 그 색이 그려질 만큼 실컷 바라보고 나서야 겨우 발걸음을 옮길 수 있었다.

다행히 날씨가 더 나빠지기 전에 카무이미사키 끝에 다다랐다. 멀리 동해 촛대바위처럼 생긴 '카무이이와'가 보인다. 짙푸른 바다와 그곳을 우뚝 지키고 서 있는 카무이이와의 풍광이 아이누인들에게 이처럼 경외심을 불러일으켰을 것이다.

윤정이가 동전을 달라고 하더니 다른 사람들의 소원 사이로 동전 하나를 조심히 올려놓는다. 비장한 표정을 지으면서 두 손 모아 소원을 빈다. 질끈 감은 눈이 마냥 귀엽고 사랑스럽다. 꽉 맞잡은 두 손에 힘이 가득 들어 있는 것을 보니 뭔가 대단한 소원을 비는 듯했다.

"윤정아, 무슨 소원을 빌었어?"

"우리 가족 건강하게, 지금처럼 계속 여행하며 살게 해달라고 했어."

윤정이를 비롯하여 모든 이의 바람이 이루어졌으면 한다.

Travel **Tip**

내비게이션

일본 렌터카를 빌릴 때 한국어 내비게이션을 신청하면 장착된 차를 빌릴 수 있다. 주소나 이름으로 검색하기는 힘들고 보통 '맵코드' 또는 전화번호[책의 주요 장소는 내비게이션을 위한 전화번호를 적어 놓았다]로 검색을 한다. 주요 관광지는 가이드북에 맵코드를 제공하지만 그렇지 않은 경우는 구글맵이 더 유용했다. 포켓와이파이 등으로 인터넷만 연결할 수 있다면 사실상 구글맵이 영문과 한글 검색이 편해서 많은 도움이 된다. 출발 전에 미리 갈 곳을 검색하고 즐겨찾기만 넣어놔도 상당히 편하다. 다만, 현지 상황에 따라 인터넷 연결이 불가능할 경우가 있어서 Maps.me 같은 오프라인 지도앱[미리 지도를 다운받을 수 있다]도 같이 준비하는 것이 좋다. 추가로 자동차용 스마트폰 거치대도 챙겨가면 안전운전에 도움이 된다.

카무이미사키

◇관람시간: 08:00~18:30(계절에 따라 다름)

◇관람료: 무료(주차비 무료)

◇기타: 간식과 기념품 구매는 가능하지만 식사는 어렵다.

# 지금도 눈을 감으면 은하수 한 줄기가 찾아온다

## 도야호

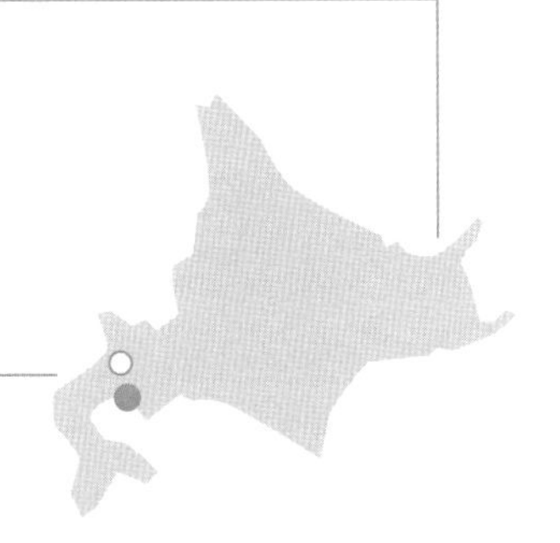

홋카이도 남부 '시코츠도야 국립공원Shikotsu-Toya National Park'은 도야호토야호, 토우야호, 요테이산, 노보리베츠, 시코츠호를 포함하고 있다. 그중 도야호는 약 11만 년 전 분화로 인해 생긴 칼데라 호수이다. 원형에 가까운 모양으로 규모가 어마어마하다. 시코츠호에 이어 홋카이도에서 두 번째, 일본에서 아홉 번째로 큰 호수이다. 이후 7만 년 전 화산활동으로 도야호 중앙에 나카지마섬Nakajima, 中島이 생겼다. 나카지마섬은 오지마섬, 간논섬, 만쥬섬, 벤텐섬을 묶어서 부르는 이름이다. 홋카이도라는 섬, 그 속의 호수, 그리고 다시 그곳에 생긴 섬.

도야호와 나카지마섬을 돌아보는 관광 유람선은 주간과 야간으로 운영된다. 주간에는 나카지마섬을 왕복하고 야간에는 불꽃놀이 관람이 주가 된다. 비용이 만만치 않아서 주간과 야간 중 하나만 하기로 했다. 국내에서도 언제든 볼 수 있는 불꽃놀이보다는 나카지마섬을 둘러보는 것이 낫겠다 싶었다. 지금은 여름철이라 나카지마섬에 내려서 트래킹을 할 수도 있는데, 겨울철에는 섬에 내릴 수 없다. 여름철에는 주간이 좋고 겨울철에는 야간 유람선이 좋은 선택이겠다.

“아빠, 여기 바다야?”

“아니, 여기는 도야호라는 호수야.”

“엄청 커서 바다인 줄 알았어. 바다 같은데 왜 파도가 없나 했지.”

선착장 앞에서 준비한 도시락을 먹고 유람선에 올랐다. 사람들이 승선하기 무섭게 여기저기서 갈매기 떼가 모여들었다. 우리나라와 별반 다를 게 없어 보인다. 심지어 선내 방송에서는 매점에 새우깡이 있으니 사라고 연신 외쳐댔다. 친절하게 한국어로 새우깡을 사라고까지 하는 덕분에 우리도 한 봉지 샀다.

사람들이 하나둘씩 갈매기 먹이를 들고 유람선 뒤편으로 모여들었다. 공중으로 던져진 새우깡은 호수에 닿기도 전에 갈매기들이 잽싸게 낚아챘다. 역시 하루 이틀 해본 솜씨가 아니다. 게다가 무리 중에서 제법 ‘짬밥’이 있는 놈들은 배 난간에 턱 하니 올라서서 받아먹는다. 노력 없이 먹는 모습이 못마땅하여서 안 주려 하면 ‘꽥꽥’ 이상한 소리까지 지른다. 보통 내공이 아니다. 둘째 아이는 갈매기에게 그냥 던져주긴 아까운지 꼭 자기가 한 입을 베어 물고 나서 준다. 아이들과 갈매기 먹이(?)를 거의 다 나눠 먹어갈 때쯤 나카지마섬에 도착했다.

나카지마섬 중 가장 크고 사람이 내릴 수 있는 섬이 오지마섬Ojima, 奧武島이다. 섬에 도착 후 내려도 되고 내리지 않고 바로 배를 타고 나가도 된다. 안내에는 30분 후 다음 배를 타라고 하지만, 섬을 충분히 즐기고 오후 5시 마지막 배가 떠나기 전에만 나가면 된다.

나카지마섬에는 두 가지 코스가 있다. '아카에조 소나무 코스'는 나카지마섬의 중앙까지 가는 코스로 왕복 4㎞ 코스이며, '주유 코스'는 입구에서 약 700m 정도 이동 후 출발점으로 돌아오는 코스로 천천히 걸으면 30분 정도 걸린다.

나카지마섬 산책로는 수십 년 아니 수백 년 동안 켜켜이 쌓인 낙엽송 잎으로 발걸음이 푹신푹신했다. 나무 냄새, 풀 냄새, 흙냄새로 천천히 걷는 발걸음 하나 하나에 힐링이 되는 듯하다. 같이 배를 탔던 사람들은 모두 어디를 갔는지 나카지마섬 산책로에는 우리 가족밖에 없었다. 우리의 발걸음 소리와 새소리 그리고 아이들 웃음소리 말고는 아무것도 들리는 것이 없었다.

"사슴아! 어디 있니? 아빠, 사슴이 안 보여."

"그러게. 운이 좋으면 에조 사슴을 볼 수 있다는데 오늘은 안 오나 보다."

"에조 사슴아! 다음에 다시 오면 낯 가리지 말고 나오렴. 근데 아빠, 여기 또 올 수 있을까?"

30분 정도의 짧은 산책 코스를 1시간이 넘게 쉬엄쉬엄 즐겼다. 아이들과 함께 걸으면 보통 시간이 두 배 이상 걸린다. 시계는 이미 3시를 가리켰다. 지금 배를 타고 나가도 다음 여행지로 가기에는 애매한 시간이었다. 홋카이도에서 4~5시면 모두 마감을 하기에 일정을 잘 짜야 한다. 대신 오늘은 도야호 주변을 돌아보며 시간을 보내고 야간 유람선 불꽃놀이를 호숫가에서 보고 집에 가는 것으로 정했다.

저녁 8시 30분에 출발하는 야간 유람선을 기다리기에는 아직 시간이 있어 도야호 주변을 둘러보았다. 전 같았으면 그 시간까지 다른 관광지 하나라도 더 들르기 위해 아등바등했겠지만, 한 달 살기를 하면서 '일상 같은 여유로운 여행'이 이미 몸에 배어버렸다. 땅거미가 지는 호수를 멍하게 바라보기도 하고 놀이터와 호수 주변에 있는 무료 족욕탕에서 족욕을 즐기며 시간을 보냈다.

호수 너머로 해가 지는 것을 보며 유람선 선착장으로 돌아왔다. 불꽃놀이를 보기 위해 많은 사람이 모여들었다. 주변 호텔에서도 창문을 열고 하나둘 밖을 내다보았다. 도야호 야간 불꽃놀이는 여름철인 5월부터 10월까지 매일 밤하늘을 수 놓는다.

유람선 선착장에서 출발한 지 5분 정도 지났을까? 연신 불꽃이 터졌다. 유람선 주변으로 두 대의 보트가 크고 작은 불꽃을 계속 쏘아 올렸다. 유람선을 타고 보는 것은 아니었지만 도야호 주변에서 보는 불꽃놀이도 꽤 볼만했다.

보통은 생활비를 아끼기 위해 저녁은 집에서 먹도록 일정을 짠다. 그런데 홋카이도는 돈도 돈이지만 관광지가 일찍 문 닫기에 달리 방법도 없다. 도야호 불꽃놀이를 본 덕분에 처음으로 늦은 밤이 되어서야 집으로 향했다. 도야호 근처를 벗어나면서 집들도, 가로등도 띄엄띄엄 보인다. 차량 전조등 하나에 의지해 가로등도 없는 시골길을 달렸다. 아이들은 출발하자마자 타임머신을 탔다. 세상 부럽다. 눈뜨면 집일 테니 말이다.

"우와! 저기 하늘 좀 봐봐."

아내가 감탄을 자아내어 속도를 줄이고 전조등을 살짝 껐다.

"우와! 저게 다 별이구나."

광해가 없는 홋카이도 하늘. 빽빽하게 흩뿌려 놓은 별들이 말 그대로 하늘

을 수놓고 있었다. 차선도 없는 외길이라 혹시 마주 달려올 차가 걱정이긴 했지만 그냥 지나칠 수가 없었다. 차를 세우고 하늘을 올려다보았다. 촘촘히 박힌 별들이 손을 휘휘 저으면 닿을 듯했다. 태어나서 이렇게 많은 별을 본 적이 없었다. 숨이 턱 하니 막혀 온다는 말이 이해가 됐다.

"은하수다!"

차의 시동을 완전히 꺼 버렸다. 내 손조차 보이지 않을 정도로 짙은 어둠이 찾아왔다. 다시 눈을 들어 하늘을 보는 순간. 하늘에는 한 줄기 은하수가 빛나고 있었다.

"우와! 보여?"

"응, 보여!"

……

"아이들 깨울까?"

"아니. 아마 꿈에서 더 많은 별을 새겨 넣고 있을 거야."

Travel **Tip**

나카지마섬 유람선

홈페이지http://www.toyakokisen.com에서 미리 탑승 할인권을 출력해가면 10% 할인해 준다. 꼭 종이로 출력을 해가야 인정해 준다.

◇주간 운항시간: 08:00~16:30(여름철 기준, 30분 간격)

◇야간 운항시간: 20:30(1회 운행, 선상 불꽃놀이 관람)

◇이용료: 성인 1,420엔

## 니세코 주변 온천

홋카이도 곳곳에는 온천이 많은 편이다. 니세코가 특히 스키어들에게 사랑받는 이유 중에 하나도 바로 온천 때문이다. 새하얀 눈과 가장 잘 어울리는 것이 스키와 노천온천이 아닐까. 홋카이도 니세코 지역에는 총 스물두 곳의 온천이 있다. 한 달 살기를 하면서 하나씩 다녀보는 것도 나름의 재미가 있었다. 그 중에서 가장 좋았던 온천 몇 곳을 소개해 보겠다.

### 유코로Yukoro 온천

니세코에서 가본 온천 중에서 가장 물이 좋았던 온천이 유코로였다. 특히 니세코 숙소가 모여 있는 곳에 있어서 자주 갔던 온천이다. 온천이 있을 것 같지 않은 펜션들 사이에 떡하니 자리 잡고 있는 유코로 덕에 주변을 지날 때마다 유황 냄새의 유혹을 느껴야 했다. 다만 시설이 좀 오래되고 진한 유황성분 때문에 내부 시설이 다소 지저분해 보이기도 한다. 시설보다는 수질이 중요하다면 강력추천.

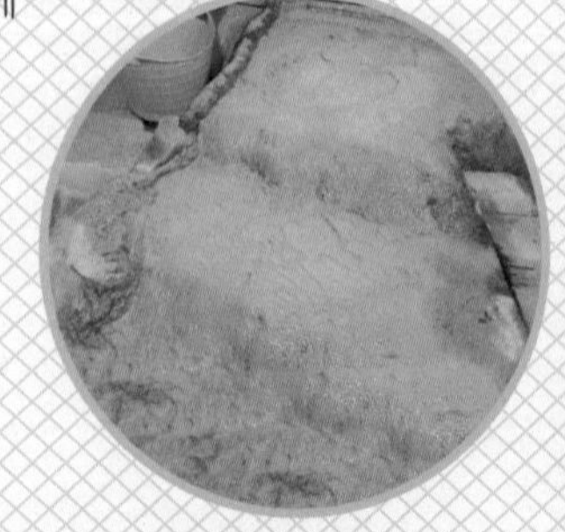

◇입욕료: 성인 700엔, 소인 350엔

◇운영시간: 여름철 및 평일 17:00~21:00, 겨울철 및 주말 14:00~22:00

◇전화번호: 0136-23-0205

### 유모토Yumoto, 湯本温泉 온천

그랜드 히라우에 특히 여러 온천이 모여 있는데, 유모토 온천은 가격 대비 시설이 좋은 편이다. 최근 지어진 호텔에 있는 온천은 입욕료가 1,000엔이 훌쩍 넘기도 하는데 유모토는 성인 800엔 정도로 비싸지 않으면서도 내부 시설은 최근 지어진 호텔 못지않아 평일이나 주말할 것 없이 주차장에 차들이 그득했다. 대신 유황의 함량은 조금 낮은 편이다.

◇입욕료: 성인 800엔, 소인 400엔

◇운영시간: 7:00~23:00(10:30~13:00 청소시간으로 입장 불가)

◇전화번호: 0136-23-2239

### 키라노유Kiranoyu, 綺羅乃湯 온천

어린아이와 함께 여행하는 가족에게는 가족탕도 좋은 선택이다. 굳이 누가 아이들을 맡을 것이냐는 눈치작전이 필요 없으니……. 가족탕은 아무래도 가격대가 높을 수밖에 없는데 니세코 역 근처 키라노유 온천은 관광객보다는 현지 주민들이 자주 찾는 곳으로 가족탕이 특히 저렴하다. 시간당 1,000엔만 내면 프라이빗 한 온천을 즐길 수 있다. 성인 1인당 500엔에 입욕료(만 6세 이하 무료)가 별도로 있긴 하지만 2시간 정도에 3,000엔이면 우리나라 가족 온천탕이 2시간에 4~5만 원 정도인 것과 비교해도 꽤 좋은 선택인 듯하다.

◇입욕료: 성인 500엔(가족탕은 시간당 1,000엔 별도)

◇운영시간: 10:00~21:30(마지막 입장 21:00), 공휴일 휴무

◇전화번호: 0136-44-1100

### 고시키Goshiki, 五色溫泉 온천

니세코에서 거리도 멀지 않고 수질이 좋은 온천 중 하나인 고시키 온천. 고시키는 우리나라 말로 오색온천이라는 뜻인데 날씨나 외부 기온에 따라서 물 색깔이 다섯 가지로 보인다 하여 붙여진 이름이라고 한다. 고시키 온천은 물이 좋기도 하지만 니세코에서 온천으로 가는 길이 무척이나 예뻐서 꼭 들러보길 권하고 싶다. 니세코가 있는 홋카이도 남쪽에는 '파노라마 라인'이라 불리는 도로가 있다. 홋카이도 남쪽에 주요 장소를 이어 주는 도로 주변으로 아름다운 경관이 많아 파노라마 라인이라고 불리는 곳이다. 파노라마 라인에서도 결정적인 코스가 바로 신센누마/오유누마 쪽에서 고시키 온천으로 이어지는 도로다. 니세코/굿찬 지역이 한눈에 들어오고 요테이산과 어우러진 자연경관이 환상적인 '인생 풍경'을 만들어 내는 곳이다.

◇입욕료: 성인 700엔, 소인 500엔(만 5세 이상)

◇운영시간: 여름철 08:00~20:00, 겨울철 10:00~19:00

◇전화번호: 0136-58-2611

## 니세코 주변 관광지도

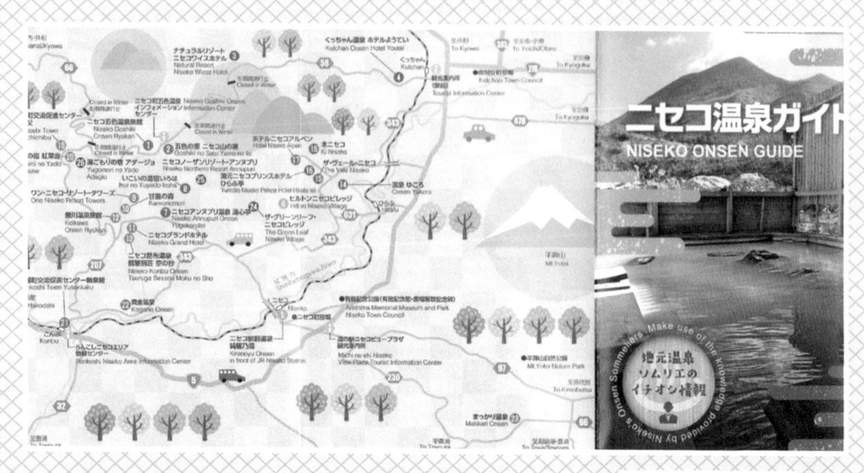


니세코 주변 온천

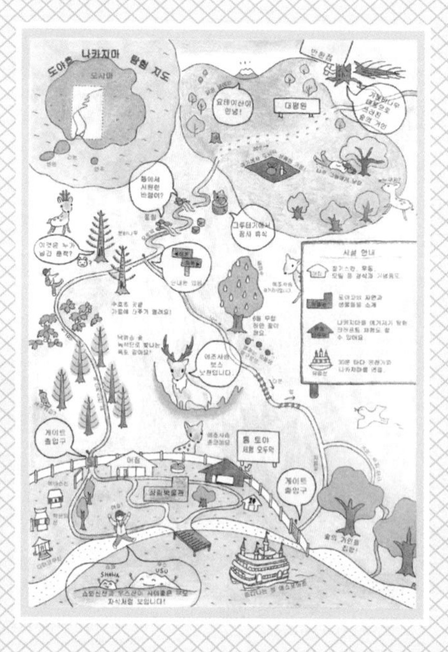


도야호 나카지마 탐험 지도

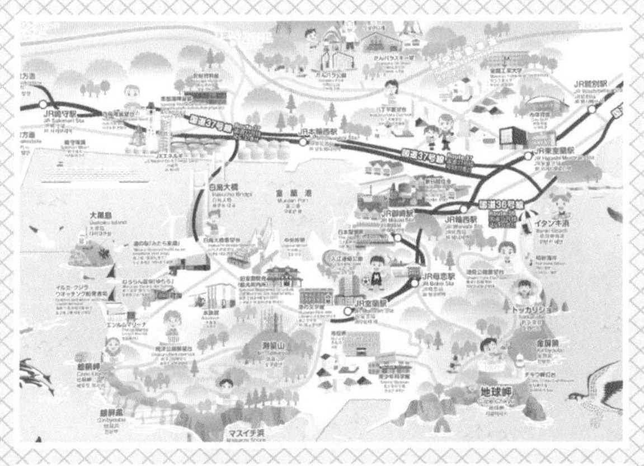


무로란

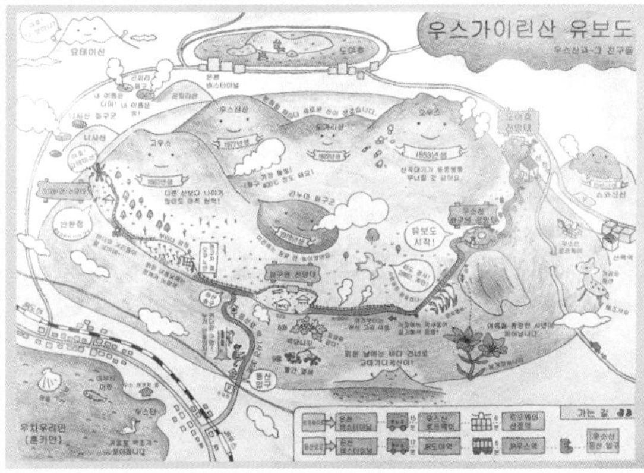


우스가이리산 유보도
우스산과 그 친구들

신센누마

# 지구는 살아있다
## 우스산 로프웨이

무심결에 넘겨본 달력에 가슴이 '쿵' 내려앉았다. 한 달이라는 시간 중 절반이 넘어가고 있었다. 시간에도 가속도가 붙는 것이 분명하다. 여행을 기다릴 때는 그렇게도 더디 가던 시간이 중반에 접어든 지금은 숨 돌릴 틈도 없이 달려나간다.

"어쩌지? 짝꿍, 이제 홋카이도에서의 시간이 반밖에 안 남았어."

"아직 반이나 남았네."

의외로 담담한 아내.

그냥 있을 수가 없었다. 급히 오늘 일정을 짜보지만 한국에서 가져온 가이드북에는 홋카이도 주요 관광지의 일부만 나와 있어 별 도움이 안 되었다. 네 명이 머리를 맞대고 지도를 들여다보지만 고민만 길어질 뿐, 마음이 덩달아 조급해진다. 일단 오늘은 지난번 못다 본 도야호 주변 여행을 완성하기로 했다.

니세코에서 도야호 비지터 센터까지는 대략 1시간. 타임머신을 성공적으로

탄 아이들을 데리고 센터 뒤편 '곤피라 화구 재해 유구'에 가봤다. 곤피라 화구 재해 유구는 2000년 마지막 도야호 지역 분화 때 피해를 본 마을을 피해 당시 그대로 남겨 놓고 관람을 할 수 있게 해놓은 곳이다.

2000년 4월 1일부터 시작된 분화는 이 지역의 건물들을 순식간에 덮쳤다. 다행히 주민들은 미리 대피해서 인명 피해는 없었지만, 도로는 붕괴되고 건물의 1층은 흙과 화산재에 완전히 묻혀 버렸다. 폐허가 되고 사람이 떠나버린 아파트. 무성한 풀만 여행자를 반기고 있었다.

한 걸음씩 내디딜 때마다 자꾸 폭발하는 장면이 상상되었다. 삶의 터전을 급하게 떠나야 하는 마음이 어땠을까. 또 나중에 돌아와서 이곳을 봤을 때 느껴진 상실감은 얼마나 컸을까. 항상 이런 불안함을 이고 지고 살아가는 이곳 사람들을 생각하니 마음이 짠했다.

화산활동의 흔적이 그대로 남아 있는 곳. 지금은 도야호와 더불어 눈이 부시도록 아름다운 곳이지만, 다른 누구에게는 삶의 터전을 앗아간 재앙의 흔적이기도 했다.

"그럼 지구가 살아 움직이는 거네?"

화산활동에 대한 설명을 들은 윤정이는 눈빛을 반짝이며 물었다.

"아빠, 너무 신기하다. 화산이 살아있는 거야? 그런데 지금 터지면 어쩌지?"

"화산이라는 것이 소나기 오듯이 갑자기 터지는 건 아니야. 사실 아빠도 이렇게 가까이에서 화산의 흔적을 본 것이 처음이라 잘은 몰라."

"진짜 화산 보고 싶다."

윤정이의 바람대로 가까운 활화산인 우스산으로 방향을 정했다. 도야호 남쪽에 있는 활화산인 우스산에는 로프웨이가 있다. 우스산은 20~50년 주기로 활동하는 활화산으로 최근에는 2000년에 분화가 있었던 곳이다.

"윤정아, 저기 돌로 된 산 위를 봐봐. 연기 같은 것이 나오지? 아직 산 안에 뜨거운 용암이 있기 때문이야."

"우와! 진짜 화산이다. 근데 정말 터지는 건 아니겠지? 산 옆에 있는 구름이 화산에서 나온 것 같아."

1944년 6월부터 2년간 분화를 한 우스산과 쇼와신산. 여기에는 유명한 일화가 있다. 1943년 12월 강한 지진으로 시작된 우스산 화산활동이 1944년부터 활성화되었다. 당시 제2차 세계대전 중이던 일본은 화산활동이 혹시나 패전의 징조로 소문나는 것이 걱정되어 외부에 알리지 않았다고 한다. 당시 우체국장이었던 '미마쯔 마사오'가 2년에 걸쳐 매일 분화를 기록으로 남겼다고 한다.

로프웨이를 타고 올라가는 중 민둥머리의 쇼와신산이 한눈에 들어왔다. 보통 용암이 폭발하면서 산이 생기는데 특이하게 쇼와신산은 땅속에서 용암이 굳으면서 솟아올라 산이 된 드문 케이스라고 한다.

로프웨이에서 내려 전망대로 올랐다. 공업 도시 '무로란Muroran, 室蘭'은 물론 저 멀리 홋카이도의 꼬리 부분인 '하코다테'까지 한눈에 들어왔다. 높은 봉우리 네 개가 보이는데 화산이 폭발할 때마다 하나씩 생겼다고 한다. 1600년대에 생긴 화산도 아직 하얀 연기를 쉼 없이 뿜고 있었다.

"아빠, 이제 가야 해? 그냥 가기 아쉽다. 여기는 보물 없어?"

"음…… 어디 보자. 하나 있다. 저기 계단으로 조금 내려가야 할 것 같은데 가볼래?"

돌아가기에는 시간도 애매하여 우스산 등산로에 숨겨진 보물지오캐싱, Geocaching을 찾아 반대편 계단으로 내려갔다.

1978년에 마지막 활동을 마친 긴누마 화구군이 가까이 보였다. 연기가 모락모락 올라오고 있었다. 금방이라도 분화를 하지 않을까 살짝 걱정도 되었다.

직선거리 300m라 얕잡아 봤는데, 수평 기준 300m이니 내리막으로 한 500m는 내려간 것 같다. 보물을 찾기라도 하면 다행인 데 실패하면 괜히 가족만 고생시키는 것이 아닐까 하고 머릿속이 복잡했다. 돌아갈까? 아니면 그냥 가볼까? 300여 개의 계단을 내려가며 300번 고민을 반복했다.

다행히도 내려오지 않았으면 못 봤을 멋진 풍경도 감상하고 보물찾기도 성공했다. 마지막 계단 밑에 제법 큰 보물이 숨겨져 있었다. 감사하게도 아이들이 좋아하는 인형이 가득가득. 우리도 준비한 보물을 넣고 두 딸은 하나씩 행복을 나눠 가졌다.

## Travel **Tip**

### 도야호 비지터 센터

비지터 센터는 도야호의 동식물과 자연환경에 대해서 미리 공부하고 갈 수 있어 좋다. 지금도 활동을 하는 도야호 지역의 화산활동에 대한 설명도 입체적으로 보여주고 있어 자연을 이해하는 데 도움이 된다.

◇운영시간: 9:00~17:00(15분마다 운행)

◇입장료: 무료(화산과학관은 유료: 성인 600엔, 소인 300엔)

◇전화번호: 0142-75-2555

### 우스산 로프웨이

◇이용료(왕복): 성인 1,500엔, 소인 750엔

◇운행간격: 매시간 15분(계절마다 마지막 운행시간이 달라 미리 확인해야 함)

◇전화번호: 0142-75-2401

### 지오캐싱

외국에 나오면 지오캐싱을 자주 하는 편이다. 지오캐싱은 일종의 보물찾기로 보면 된다. 누군가 어떤 곳에 보물(?)을 숨기고 그 위치의 GPS 좌표를 지오캐싱 사이트에 올려놓는다. 그럼 다른 유저들이 그 보물을 찾아서 로그log를 남긴다. 때에 따라서 보물을 가져가고 다른 보물을 채워 놓는 게임이다. 보통 캐시Cache, 보물는 경치가 좋은 곳에 숨겨 놓는다. 그러니 보물을 찾는 재미도 느끼면서 숨겨진 비경을 같이 찾을 수 있다. 스마트폰에 지오캐싱 앱App만 깔면 된다.

# 병 우유 한 모금, 추억 한 줌

## 무로란 1

니세코는 홋카이도 남부에 속해 있다. 한국 사람들에게 인기가 높은 비에이나 후라노와는 차로 4시간이 넘게 걸리는 거리다. 북부는 과감히 포기하고 남부 위주로 다녔다. 주요 관광지 외에는 이름이 낯설기 마련인데 지난 태풍을 겪으며 '무로란'이라는 지명을 자주 접했다. 녹색 창의 힘을 빌려 홋카이도에서 가장 큰 산업도시이며 삿포로에 이어 두 번째로 인구가 많은 도시라는 것을 알게 되었다.

니세코에서 무로란까지는 대략 2시간 정도 걸리는 거리다. 무로란에 대한 정보가 없어서 비지터 센터만 내비게이션으로 찍고 무작정 출발했다.

무로란 비지터 센터에서 여행지도와 전단을 몇 개 챙기면서 안내원에게 슬쩍 근처 맛집을 물어보았다.

"근처에 일본 천왕도 다녀간 텐동집이 있어요. 차 있으시죠? 주차도 가능해요. 스마트폰 줘보세요."

친절히 구글맵에 표시까지 해준 덕에 검색의 바다에서 허우적거리지 않고 쉽게 점심을 해결할 수 있게 되었다. 알려준 곳은 '텐카츠天勝'라는 텐동 전문점이었다. '텐동'은 튀김을 뜻하는 '텐부라'를 올려 먹는 덮밥의 약칭이다.

주차장에 차를 대고 입구로 들어섰다. 백발의 온화한 할머니가 인사와 함께 그림 메뉴를 건네주었다.

"스페셜 텐동 있어요?"

'끄덕끄덕' 있다는 제스처와 함께 계산기에 1,350을 찍어 주신다. 여기는 텐동 전문점인데 특히 가리비와 왕새우가 올라가는 '스페셜 텐동'이 인기다. 준비한 재료가 떨어지면 먹을 수조차 없단다. 스페셜 텐동과 기본 텐동, 그리고 소바를 시켰다. 음식값을 선지급하면 플라스틱 티켓을 준다. 그걸 주방 직원에게 건네면 된다.

기다리던 스페셜 텐동이 나왔다. 달달 짭조름한 소스가 뿌려진 밥에 튀김을 조금 잘라 입에 넣으며 아내가 감탄을 한다.

"진짜 맛있다. 와! 가리비가 그냥 입에서 녹아버려."

"음…… 와! 여기 텐동에 들어간 오징어 튀김도 진짜 맛있어."

태어나서 지금까지 먹은 그 어떤 덮밥과도 비교가 안 되었다. 튀김옷이 익을 만큼 튀기다 보면 가리비 살이 질겨질 것 같은데 맛은 정반대였다. 새우를 좋아하는 둘째도 "시우, 시우새우"라고 말하며 입에 넣기가 무섭게 또 달란다. 이름에 걸맞게 양도 스페셜해서 어느 정도 먹다 보면 느끼해질 것 같지만 같이 내어 주는 진한 녹차 한잔에 다시 젓가락질이 시작된다.

"배도 부르고, 슬슬 움직여 볼까? 아까 받은 관광지도 좀 줘 봐."

"무로란 8경? 크크 여기도 우리나라처럼 지역 명칭에 몇 경, 몇 경 이렇게 부르나 봐."

"그러게. 관광지도 모두 무로란 8경 설명뿐이네. 하긴 공업 도시라 다른 곳보다는 관광자원이 부족하겠지."

고민 없이 무로란 8경을 따라 가보기로 했다. 먼저 도착한 곳은 무로란 8경 중 하나인 '금병풍金屛風'. 바다와 마주한 절벽이 아침에 떠오르는 햇볕을 만나면 마치 금빛 병풍처럼 보인다 해서 붙여진 이름이라고 한다. 우리가 도착했을 때는 날씨가 흐려 '금'병풍 보다는 '동'병풍이 더 어울릴 것 같은 색깔이었다.

"아빠, 이렇게 팔을 벌리면 날아갈 것 같아."

"여보, 어쩌지? 바람이 너무 분다. 풍경이고 뭐고 이러다가는 애들 감기 걸릴 것 같아."

"그러게. 오늘은 바다 쪽 풍경을 보기는 어렵겠다. 일단 철수하고 다른 곳을 찾아보자."

근처에 수족관이 있다고 해서 내비게이션을 찍고 이동을 시작했지만, 아침 낮잠을 거른 둘째가 타자마자 잠이 드는 바람에 일단 집으로 방향을 돌렸다. 그냥 집까지 바로 가기는 아쉽고, 그렇다고 차에서 무작정 기다리기도 애매했다.

"아까 오는 길에 보니깐 '관광물산관觀光物産館'이라고 한자로 써진 곳이 있었어. 잠시 검색해 보니깐 지역 농산물과 공원이 있고 체험 같은 것도 할 수 있다고 하던데?"

"체험? 엄마 체험이라고 했어? 아빠, 아빠! 체험이 있대. 거기 가자."

"알았어. 진정 좀 해봐. 내비게이션으로 1시간 정도 걸리네. 그 정도면 수정이 깨도 되니깐 가는 길에 들려보자."

지역 농산물이 있다고 하더니 '니세코 뷰 플라자' 처럼 근처 농장에서 생산된 다양한 농산물이 전시되어 있었다. 규모는 중견 크기의 마트 수준으로 각종 농산물과 가공품들이 전시되어 있었다.

코너마다 주인이 다르고 기준이 달라 가격과 품질도 천차만별이다. 당근 하나만 봐도 어디는 씻어서 팔고 어디는 흙 당근 그대로 판다. 당근 가격이 100엔으로 두 곳을 두고 한참을 고민했다. 한 곳은 굵은데 세 개, 다른 한 곳은 가늘고 네 개. 별 차이도 없지만 이상한 데서 찾아오는 결정장애.

양파와 당근을 담고 지역 농장에서 생산되는 우유와 밀크 푸딩을 같이 샀다. 홋카이도 우유 하면 최고의 맛과 품질을 자랑한다. 특히 병에 포장된 우유는 옛날 어렸을 때 먹었던 맛이 생각나게 한다. 가끔 오래된 노래를 들으면 그때의 기억이 자동으로 소환되는 것처럼 노래뿐만 아니라 맛도 추억을 불러내는 강력한 힘이 있다.

지금의 종이 우유 팩이 있기 전에 아침마다 배달되던 병 우유. 투명한 병 우유에 빨간색 동그라미가 인상적이었던 그 우유를 아침마다 가지러 나가는 게 큰 기쁨이었다. 겨울 아침 잠옷 바람에도 입김 호호 불며 달려나가게 했던 그 맛. 참 고소하고 진했던 그 맛을 홋카이도 병 우유에서 다시 만날 수 있었다.

—또. 또. 또! 입대고 먹지 말라니깐!

엄마한테 걸려 잔소리 들을 것을 알면서도 병 우유는 입을 대고 먹어야 맛났다. 종이 뚜껑을 따고 하얀 수염을 만들며 마시던 그 맛. 그런 기억이 없는 아이는 아마도 홋카이도의 우유 맛으로 기억하겠지.

다테시Date, 伊達市는 홋카이도에서 유일한 '아이쪽' 생산지로 아이 염색쪽 염색이 유명하다고 얼핏 들었었는데 우연히 물산관 옆 공방에서 체험할 수 있다고 해서 자리를 옮겼다.

체험을 담당하는 분에게 가격과 체험방법 등을 물어봤는데 영어를 전혀 못했다. 그동안 일본을 여행하면서 영어를 서툴게 하는 사람을 많이 만나 봤지만 관광지에 있는 사람이 전혀 못 한다니. 체험을 위해서는 방문록(?) 같은 곳에 주소를 적으라고 하는 것 같은데, 이게 도자기 체험처럼 체험 후 나중에 물건을 택배로 받는 것으로 이해가 되었다. 여행자에게 나중에 받는 것은 의미가 없기에 바로 받을 수 있는 거냐고 아무리 손짓 발짓을 해도 통 못 알아듣는다.

안 되겠다고 생각하였는지 갑자기 비닐봉지를 가져오더니 넣고 가져가라는 시늉을 한다. 그제야 체험을 하고 나서 바로 가지고 갈 수 있는 것으로 이해하고 손수건 체험을 신청했다.

사람에게는 역시 바디랭귀지가 있지 않나. 말이 안 통하니 계속 웃으면서 몸으로 알려준다. 웃음과 몸으로만 알려주는 것이 좀 미안했던지 일본어로도 계속 뭐라고 설명하는데 알아듣지는 못했다. 직접 하나하나 같이 해주어서 윤정이도 어렵지 않게 체험을 했다.

거의 끝나 갈 무렵, 갑자기 생각난 듯 어디론가 가더니 떡하니 한국어 버전의 아이 염색 설명서를 주는 것이 아닌가. 진즉에 보여 주었으면 좋았을 것을. 천연 염색치고는 냄새가 무지 고약했는데, 설명서에는 아이꽃을 바로 사용하지 않고 발효했기 때문이라고 한다. 그리고 아이 염색은 천연 방충제의 효과가 있어서 벌레나 모기를 막아준다고 한다. 딴 나라말을 듣느라 답답했던 마음이 뻥 뚫리는 느낌. 체험이 끝나고 손수건을 펴 보았다. 파란 바탕에 하얀 꽃이 금방 피어났다. 알아들을 수 없어 그런지 '뚱' 해있던 윤정이가 그제야 환하게 웃는다.

## Travel **Tip**

### 텐카츠

◇가격: 텐동 850엔, 스페셜 텐동 1,350엔, 소바 700엔
(스페셜은 당일 재료가 떨어지면 판매 중단)

◇영업시간: 11:00~18:00(매주 목요일 휴무)

◇전화번호: 0143-22-5564

### 다테시 관광물산관

◇아이 염색 체험비: 꼬마수건 500엔, 손수건 550엔 등

◇전화번호: 0142-25-5567

## 고마워 태풍아

### 태풍 2

홋카이도에 오자마자 겪었던 9호 태풍에 이어서 며칠 전 11호 태풍 '곤파스'가 지나갔는데 또다시 아침부터 바람이 심하더니 오후에는 돌아다니기가 부담스러울 정도였다. 비까지 오기 시작해 근교만 짧게 돌아보고 일찌감치 숙소로 들어왔다. 혹시나 해서 틀어 본 뉴스를 보고 깜짝 놀라지 않을 수 없었다. 11호보다 먼저 생성된 10호 태풍 '라이언록'이 일본 열도를 따라 아래로 남하해서 별일이 다 있다 했더니 그게 다시 북상하고 있단다. 와! 하다 하다 이제는 태풍도 역주행하는구나. 태풍이 거의 오지 않는다는 홋카이도 그해 여름에 그렇게 세 번째 태풍이 다가왔다.

동시에 찾아왔던 두 개의 태풍과 이번 태풍은 좀 달랐다. 위아래로 오르내리며 세력을 키웠나 보다. '따따따~~ 휭~~~' 거칠게 유리를 두드리는 빗소리에 이어 창문은 휘파람까지 분다.

뉴스에서는 대피소로 피한 사람들의 영상이 계속 나오고, 바람과 비는 점점 심해지고 있었다. 아나운서의 이야기를 알아들을 수는 없었지만, 가까운 대피소로 피하라는 느낌이었다. 분명 우리가 있는 곳도 어딘가 대피소가 있겠지만 비바람이 몰아치는 타국에서 일본어도 모르는데 어찌 나가겠는가.

결국, 그리 멀지 않은 곳에서 '뚝'하고 나무 부러지는 소리가 엄청 크게 들리더니 갑자기 온 집이 칠흑 속에 갇혔다.

"어어…… 아빠, 이거 왜 이래? 무서워 불 켜줘."

겁먹은 윤정이의 외침이 끝나기도 전에 거실에 있는 비상 전등의 붉은색 불이 들어왔다.

"와! 정전이 되면 자동으로 켜지는 건가 봐."

처음 숙소에 들어왔을 때부터 천정에 보이던 전등이었는데 유일하게 스위치가 없어서 켜질 못했었다. 태풍과 지진이 많은 나라라 그런지 아마도 집을 지을 때 기본적으로 설치하는 모양이다.

다른 방은 모두 암흑이라 거실 소파로 옹기종기 모였다. 이제 텔레비전은 물론이고 인터넷도 불통이기에 당최 무슨 일이 있는지 알 수도 없다. 아이들은 무서우면서도 재미있나 보다. 엄마 아빠 걱정하는 표정은 보이지 않는지 자기들끼리 웃고 난리다. 하긴 나도 어렸을 땐 정전이 되면 촛불을 켜고 어둠을 즐겼던 것 같다.

요즘은 정전을 겪어본 적이 언제인가 할 정도로 드문 일이지만 내가 어렸을 때만 해도 자주 있던 일이다. 대부분의 집에는 팔뚝만한 초가 방마다 준비되어 있었다. 그맘때 정전은 숙제를 안 해갈 절호의 기회였다. 엄마 아빠의 걱정스러운 표정은 안중에도 없고 초를 켜고 놀았다. 어차피 숙제를 해간 적도 별로 없었지만, 당당하게 오늘만은 '꼭 하려고 했지만 정전 때문에 못 했다'라고 말하고 싶었을 게다. 그림자놀이는 기본이고 실이나 휴지를 작게 뭉쳐 불을 붙이기도 했다.

—그러다 오줌을 싼다.

엄마의 말은 신기하게도 한 귀에서 다른 귀를 통과해 바로 빠져나갔다. 오로지 밤이 늦도록 전기가 들어오지 않기만을 바랐을 뿐이었다.

아마도 그때 부모님의 기분이 지금의 나와 같았으리라. 불안하면서도 별일 있겠나 하는 막연한 기대. 아무것도 모르고 웃고 떠드는 아이들을 보며 위로가 되기도 하고, 아이들에게 무슨 일이 없기를 바라는 마음. 내가 불안해하면 아이들도 불안해할까 봐 아무렇지 않게 보여야 한다는 마음. 그런 마음들.

스마트폰 플래시에 의지해 대충 이만 닦고 한 침대에 누웠다. 한국에서는 커다란 침대에 네 명이 항상 같이 잠을 잤었다. 그러다가 홋카이도 숙소에는 작은 침대가 두 개라 아이 하나씩 끼고 따로따로 잠을 청했었다. 오늘은 날이 날이니만큼 침대를 두 개 붙여 다 같이 눕기로 했다.

"아빠, 이렇게 다 같이 누우니깐 좋다. 그치?"

"그러게. 진작 이렇게 붙여서 같이 잘 걸 그랬다."

"태풍 덕이다. 고마워 태풍아!"

따뜻한 감성의 촛불이 아니긴 했지만, 스마트폰 플래시를 촛불 삼아 두런두런 이야기꽃을 피웠다.

태풍도 고마워지는 순간. 아이들이 있어, 가족이 있어 가능 했다. 가족 속에 내가 있고 그 속에 행복이 있었다. 혼자 하는 여행에서 진짜 나를 발견한다고 하지만, 가족이 함께하는 여행에서 내가 살아갈 이유를, 그리고 나의 행복과 마주할 수 있었다.

## 니세코 주변 관광

### 요테이산이 선물하는 약수 – 후키다시 공원

미니 후지산으로 불리는 요테이산은 홋카이도 남부에 우뚝 솟아 있다. 360도 사방 어디서 봐도 삼각형으로 깔끔하게 생긴 것이 언제 봐도 장엄함이 느껴진다. 이러한 요테이산에는 여러 군데에서 약수가 나오는데 가장 규모가 크고 주변 환경도 좋은 곳이 '후키다시 공원'이다.

공원에 들어서면 넓게 펼쳐진 잔디밭과 다양한 시설의 놀이터가 눈길을 끈다. 잘 가꿔진 듯한 잔디에 돗자리와 먹을 것을 내어놓은 가족들이 곳곳에 보인다. 여러 가지의 놀이시설에 아이들의 웃음도 끊이질 않는다. 폭신한 잔디 덕분에 다칠 일도 없어 보여 더욱 마음이 놓였다.

공원에는 요테이산에서 나오는 약수터가 있다. 약수터라고 우리나라 산에서 보통 볼 수 있는 수준이 아니다. 하루에 8만 톤이 뿜어져 나오는 어마어마한 크기로 약수터에서 중간 규모의 계곡이 시작된다고 보면 된다. 하루 8만 톤이면 30만 명의 식수로 쓰고도 남을 정도라 하니 실로 대단하다.

약수 주변 산책로도 아기자기하게 꾸며 놓았다. 아이들이 놀기에도, 소풍을 즐기기에도, 간단하게 산책하기에도 좋고 물맛 또한 뛰어나 하루를 보내기에 부족함이 없다. 너른 잔디밭과 놀이터는 주말마다 아이들을 유혹했다. 요테이산이 선물하는 약수는 마을 주민들에게 내리는 축복이었다.

◇전화번호: 0136-42-2111

### 달의 반쪽을 품은 호수 - 반월호

매일 보는 요테이산이지만 아이들과 함께 산에 오르기는 어렵고 그렇다고 멀리서만 지켜보기에는 뭔가 아쉬워서 선택한 '반월호'. 탁월한 선택이었다. 주차장에서 20분 정도 산길을 걸으면 반월호에 닿을 수 있다. 특별하게 뛰어나지도, 숨 막히게 아름답지도 않은 평범한 호수였지만, 오랜 세월 동안 사람의 발길이 닿지 않은 자연 그대로의 모습은 시간 내서 찾아온 보람을 느끼게 해준다.

원래 보름달처럼 둥근 모양이었던 반월호는 흘러내린 용암에 의해 반월호와 초승달호로 나뉘었다고 한다. 초승달호는 현재 습지가 되었다.

주차장에서 반월호 까지는 왕복 40분 정도 걸리고, 반월호 전체를 한 바퀴 도는 데는 1시간 30분 정도 소요된다. 인위적이지 않은 원시림 속 산책로가 멋지다.

◇전화번호: 0136-23-3388

### 니세코 여행은 여기서부터 - 니세코 뷰 플라자

니세코로 한 달 살기를 왔다면 뷰 플라자부터 찾아가는 편이 좋다. 뷰 플라자는 니세코 관광 정보센터와 지역 농산물 직거래 장터가 함께 있다. 주변 여행 정보는 물론 근처 농장에서 생산되는 신선한 농산물을 살 수 있다. 개별 농장마다 코너 하나씩을 맡아 각자가 생산한 제품을 전시하고 판매한다. 포장도 가격도 천차만별로 농장주 마음이다. 가격이 저렴하거나 품질이 좋아 보이는 농장 것은 금방 품절이 된다. 홋카이도에는 이런 지역 농산물 직거래 장터가 많으니 여행 중에 들러 보는 것이 좋다.

◇영업시간: 9:00~18:00(연중무휴)

◇전화번호: 0136-43-2051

## 아빠, 우리 정말 행복해요
### 오타루 수족관

니세코는 작은 마을이다 보니 주변 마트도 식료품 위주로 작은 편이다. 아이 학용품 같은 공산품과 한국에 돌아가서 주변에 나눠줄 선물들을 살 요량으로 대형 마트가 있는 조금 큰 도시로 일정을 고민했다. '이온 마트'가 무로란과 오타루로 검색되어 관광을 겸해서 그나마 가까운(?) 오타루를 향해 하루를 시작했다.

지난 오타루 투어에서 오르골당과 운하는 둘러보았기에 이번에는 아이들을 위해 오타루 수족관으로 방향을 정했다. 어느 나라 어느 수족관이나 비슷비슷하지만 오타루 수족관은 아기자기하게 조련된 동물 공연이 뛰어난 곳이다.

오타루 수족관은 실내 돌핀 스타디움과 실외 마린파크에서 시간대별로 진행하는 공연이 핵심이라고 할 수 있고, 실내의 일반적인 수족관에 대해서는 기대감을 낮추는 것이 좋다.

일단 입장료를 내고 들어가면 지도와 공연 시간표부터 챙겨야 한다. 시즌마다 공연시간이 다르기도 하지만 공연과 다음 공연까지 여유 시간이 별로 없어서 여차하면 하루에 공연을 모두 보지 못할 수도 있다. 게다가 각 동물이 있는 위치가 다르다 보니 지도를 보고 위치도 같이 알아두어야 한다. 반대로 이야기 하면 동선과 시간을 잘 짜면 하루 만에 다양한 동물의 공연을 모두 볼 수도 있다.

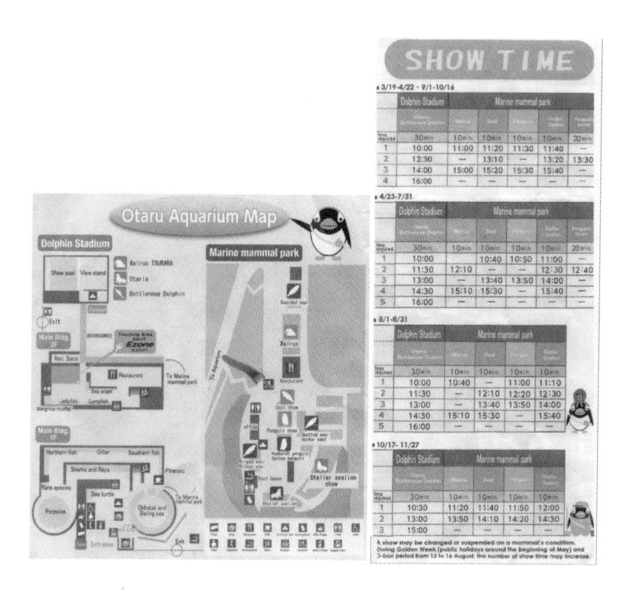


SHOW TIME

■ 3/19-4/22 · 9/1-10/16

| | Dolphin Stadium | Marine mammal park | | | | |
|---|---|---|---|---|---|---|
| Time required | 30min. | 10min. | 10min. | 10min. | 10min. | 20min. |
| 1 | 10:00 | 11:00 | 11:20 | 11:30 | 11:40 | — |
| 2 | 12:30 | — | 13:10 | — | 13:20 | 13:30 |
| 3 | 14:00 | 15:00 | 15:20 | 15:30 | 15:40 | — |
| 4 | 16:00 | — | — | — | — | — |

■ 4/23-7/31

| | Dolphin Stadium | Marine mammal park | | | | |
|---|---|---|---|---|---|---|
| Time required | 30min. | 10min. | 10min. | 10min. | 10min. | 20min. |
| 1 | 10:00 | | 10:40 | 10:50 | 11:00 | — |
| 2 | 11:30 | 12:10 | — | — | 12:30 | 12:40 |
| 3 | 13:00 | — | 13:40 | 13:50 | 14:00 | — |
| 4 | 14:30 | 15:10 | 15:30 | — | 15:40 | — |
| 5 | 16:00 | — | — | — | — | — |

■ 8/1-8/31

| | Dolphin Stadium | Marine mammal park | | | |
|---|---|---|---|---|---|
| Time required | 30min. | 10min. | 10min. | 10min. | 10min. |
| 1 | 10:00 | 10:40 | — | 11:00 | 11:10 |
| 2 | 11:30 | — | 12:10 | 12:20 | 12:30 |
| 3 | 13:00 | — | 13:40 | 13:50 | 14:00 |
| 4 | 14:30 | 15:10 | 15:30 | — | 15:40 |
| 5 | 16:00 | — | — | — | — |

■ 10/17- 11/27

| | Dolphin Stadium | Marine mammal park | | | |
|---|---|---|---|---|---|
| Time required | 30min. | 10min. | 10min. | 10min. | 10min. |
| 1 | 10:30 | 11:20 | 11:40 | 11:50 | 12:00 |
| 2 | 13:00 | 13:50 | 14:10 | 14:20 | 14:30 |
| 3 | 15:00 | — | — | — | — |

A show may be changed or suspended on a mammal's condition. During Golden Week (public holidays around the beginning of May) and O-bon period from 13 to 16 August, the number of show time may increase.

때마침 돌고래쇼가 시작할 12시 30분이 되어서 돌핀 스타디움으로 뜀박질을 시작했다. 먼저 물개쇼가 시작되었다. 뭔가 액티브한 쇼는 아니었고 조련사들의 조크와 동물들의 교감이 핵심인 것 같은데 일본어를 알아들을 수 없어 이해를 못 했다. 다들 웃고 있는데 우리 가족만 멀뚱멀뚱. 하지만 연이어 진행된 돌고래쇼는 정말 입을 다물 수 없을 정도였다.

"아빠, 아빠! 봤어? 봤어? 우와 사람이 날았어."

단순히 던지는 공을 받고 돌고래가 뛰어오르는 수준의 공연을 상상했었는데 차원이 달랐다. 주황색 잠수복을 입은 조련사들과 한 몸이 되고 같이 잠수도 하고 하늘을 날기도 하는 모습은 오타루에서만 볼 수 있는 최고의 쇼가 아닐까 생각한다.

돌고래들의 귀엽고 멋진 쇼가 끝나고 여운이 가시지도 않았지만 이어서 실외에 위치한 마린파크로 향했다. 자리를 옮기자마자 바다표범의 쇼가 시작되었다. 굼뜨게만 생긴 바다표범의 액티브한 쇼를 보고 연이어 바다사자의 공연장으로 이동했다.

먼저 간 사람들이 있는데도 앞자리가 비어있었다. '운이 좋네' 생각하며 맨 앞자리에 앉았다. 의자에 물이 튈 수 있다고 쓰여 있는 것을 보니 덩치 큰 바다사자의 공연 중에 물이 튈 수도 있다는 말인가 보다. 그래서 먼저 도착한 사람들이 앞자리에 앉지 않았나 보다. 뭐 그러거나 말거나 앞쪽에 자리 잡고 앉아 있으려니 바다사자가 턱하고 올라오는데 그 덩치가 장난이 아니었다.

"아빠, 이 덩치 큰 아이들은 뭐야? 너무 커서 무섭다."

"바다사자? 이것들이 바다사자구나. 사실 아빠도 바다사자랑 바다표범이랑 같은 애들인 줄 알았어."

각자의 이름표가 있는데 덩치 큰놈이 스물두 살에 500kg이란다. 좀 커 보이긴 했지만 500kg이라니. 어지간한 남자 5~6명 무게다. 그 덩치가 손을 흔들며 눈을 희번덕하니 약간은 겁이 날 정도였다. '말년병장'쯤 되어 보이는 이 친구가 공연은 대충 대충하고 먹이를 달라는 시늉만 열심히 한다.

바다사자쇼는 스케일이 대단했다. 0.5톤500kg이나 되다보니 손뼉만 쳐도 '턱턱' 무서울 정도의 소리가 났다. 또한 튀어나올 듯한 눈에서는 열정을 넘어 약간은 소름 끼칠 정도. 하이라이트는 무대 뒤편에서 차례로 다이빙하는 모습이었다. 500kg의 바다사자가 높은 다이빙대에서 물속으로 뛰어드는 소리는 실로 엄청났다. 영화 「캐리비안의 해적」의 배경음악까지 비장하게 흘러나와 분위기를 더욱 고조시키는 듯했다. 바다사자쇼는 돌고래쇼 다음으로 볼만한 공연이었다.

Penguin & Seal Show

준비한 도시락을 먹고 잠시 실내 수족관을 둘러보다가 펭귄쇼 시간이 다가와 다시 실외로 나갔다. 이 녀석들은 돌고래나 바다사자처럼 절도 있고 뭔가 알아듣고 하는 것이 아니었다. 거의 통제가 안 되는 상태였지만 뭐 그런 모습이 더 귀엽기도 했었다.

문득, 저렇게 공연을 하기 위해서 얼마나 많은 훈련을 받았을까. 동물 학대로 보는 시각도 있던데 불쌍한 생각이 들기도 했다가 나름 보호받으며 편하게 지내는 것도 같다는 생각도 들었다. 그들과 언어가 통하지 않으니 직접 물어볼 수는 없지만 그나마 이런 문화가 있어 아이들에게 간접 경험이라도 해줄 수 있는 게 아닌가 하는 생각도 든다. 한편 일본은 동물이 죽어도 생전 사진을 걸어 놓고 팬(?)들이 놓아준 꽃들로 장식하며 추모의 시간을 마련해 주기도 한다.

어쨌든 어른들과 달리 구구절절이 상대방을 위해 말로 표현하지 않는 두 딸은 '하하 호호' 소리로 자신들의 기분을 표현했다. 그 얼굴에 핀 웃음이 나에게는 '아빠! 우리 정말 행복해요'라는 영화 자막처럼 읽혔던 하루였다.

Travel **Tip**

오타루 아쿠아리움

◇주차: 600엔(온종일)

◇입장료: 성인 1,400엔, 소인 530엔(만 3~6세 210엔)

◇전화번호: 0134-33-1400

# 아빠에게 보물은 바로 너희란다
## 시코츠호

"윤정아, 그만 찾고 이제 가자. 도저히 안 보인다."

"안 돼. 난 꼭 보물 찾을 거야! 여기가 맞는지만 다시 봐죠 아빠."

"응, 여기 근처라고 나오고 얼마 전에도 누가 이곳에서 찾았나 봐. 앱에 로그가 남아 있어."

"그럼 있는 거네. 난 꼭 찾고 싶단 말이야."

치토세Chitose, 千歲市에 있는 '시코츠호Shikotsu-ko, 支笏湖'를 보러 가는 도중 근처에 보물이 몇 개 있다고 검색이 되어서 잠시 들렸다. 캐시가 있는 장소로 바로 차를 댔는데 경치가 그리 좋은 곳은 아니었다. 보물찾기하는 동안 뷰 포인트라고 할만한 곳이 아닌 경우가 처음이어서 이곳이 맞나 하는 의문이 들었다. 이러한 의심은 보물찾기를 시작하기도 전에 의욕을 꺾어 버렸고, 대충 찾아보다가 이동하려고 했다. 그러나 며칠 전 우스산에서 보물찾기에 성공한 윤정이는 자신감이 넘쳐 있었다. 아무래도 그냥 넘어갈 상황은 아닌 듯해서 지오캐싱 앱에서 힌트를 찾아보았다.

"s.t.u.m.p……. stump? 이게 뭐지?"

"아빠, 힌트가 뭐래?"

"음…… 미안. 아빠가 영어가 짧아 모르겠어. 흑흑. 인터넷이 안 되니 스마트폰도 무용지물이고. 그냥 다시 찾아보자."

보통 GPS는 위성 수신 정도에 따라 2~5m 정도의 오차가 발생한다. 그 이야기는 숨길 때 최대 5m, 찾을 때도 5m 차이가 날 수 있으니 최악의 경우 최대 10m까지 오차가 발생할 수도 있다는 이야기이다. 길이 없는 숲에서 반경 10m를 모두 뒤져 보는 것은 아이들에게는 불가한 일. 그래서 금방 찾을 수 없는 경우 힌트를 참고하기도 한다. 힌트가 'stump그루터기-나중에 알았다'라는 데 영어가 짧아 뜻을 금방 이해하지 못했다.

습기를 머금은 풀숲을 10분 넘게 해치느라 바짓가랑이를 다 적시고 나서야 나무 밑동에서 보물을 발견했다. 아빠 체면 겨우 세울 수 있게 되었다.

"윤정아, 아빠 생각에는 저기 저 나무 근처에 있을 것 같기도 해. 아빠는 이곳을 찾아볼 테니 윤정이는 저기 나무 주변을 찾아봐."

"응. 어! 아빠, 찾았다! 내가 찾았어."

보통 내가 먼저 발견하지만 모르는 척 아이한테 찾아보라 시킨다. 그런 아빠 마음을 아는지 모르는지 보물을 찾고는 항상 기쁘게 소리친다. 그럼 난 속으로 외친다.

'나의 최고의 보물은 바로 너희란다.'

어렸을 때 소풍을 가면 보물찾기가 가장 재미있었지만, 매번 못 찾아서 아쉬웠던 기억이 난다. 내가 어릴 때는 소풍 가서 찾는 보물밖에 모르고 자랐지만, 우리 아이들은 전 세계를 누비며 다양한 보물을 눈과 가슴에 담길 바라본다.

시코츠호는 약 4만 년 전 화산활동으로 인해 생긴 칼데라호로 홋카이도에서 가장 큰 호수이다. 투명도가 높아 호수 수질로는 일본에서 가장 높게 평가되는 호수다. 맑은 해가 떠오르면 짙푸른 호수는 투명한 에메랄드 블루로 변한다. 맑고 투명한 호수를 물 위가 아니라 물 아래에서 볼 수 있도록 수중 관람 유람선과 스킨스쿠버를 저렴하게 즐길 수 있다.

営業中

시코츠호에 도착해서 바로 유람선을 타러 내려갔다. 총 30분 동안 호수 일부를 유람하는데 반잠수정의 아래 선실에서 호수를 직접 볼 수 있다. 어른들만 있다면 스킨스쿠버라도 해서 더 가까이 호수 안을 보겠지만 아이들이 있는 우리 가족에게는 이 정도도 감사했다.

출발 전부터 배 주위는 온통 각시송어가 둘러싸고 있었다. 에메랄드 호수를 배경으로 은빛을 반짝이며 유유히 유영하는 송어들에게서 생동감이 넘쳤다. 날이 흐렸기에 이 정도였지 아마 빛이 밝고 맑은 날이면 더욱 찬란했을 것 같다.

잠시 후 배는 속도를 내었고 시원한 호숫가 바람이 울렁거렸던 속을 시원하게 씻겨주었다. 바람이 차가워진 것을 보니 가을이 코앞으로 다가온 듯했다. 가을이 다가오는 만큼 우리의 떠날 날도 가까워지고 있다. 우중충한 날씨 덕분인지 기분도 약간은 차분해지는 것 같았다.

조금 달리는가 싶더니 사람들이 선실로 들어갔다. 일본어 안내를 알아듣지 못하니 눈치로 다닐 수밖에. 뭔가 있는가 싶어 같이 선실로 내려가 봤다. 선실 창문에서는 호수 아래 주상절리대가 파노라마처럼 지나가고 있었다.

잠시 후 송어의 환대(?)를 받으며 선착장으로 되돌아 왔다. 조금 지루해하던 아이들은 물고기를 보자 또다시 소리를 친다. 오타루 수족관에서 온종일 물고기를 봤는데도 여전히 신나나 보다. 해가 쨍한 날이 아니어서 살짝 아쉬웠는데 아이들이 좋아하니 그걸로 만족.

오후 늦은 시간. 주차장으로 올라가는 길에 먹자골목이 보였다. 경비를 줄이기 위해 아침저녁은 항상 숙소에서 요리해 먹고 점심도 샌드위치나 볶음밥을 싸서 다녔다. 여행 막바지가 되니 언제 다시 올지 모르는데 현지 군것질이라도 좀 하자고 의기투합. 홋카이도에서 자주 볼 수 없는 길거리 음식이라 고민 없이 주문했다.

홋카이도는 감자가 유명해 감자칩이나 감자모찌가 아주 맛나다. 특히 치즈가 들어간 치즈감자모찌는 입에서 살살 녹는 수준. 그리고 오징어도 유명해 마트에 가면 신선한 생물 오징어를 저렴하게 구할 수 있다. 오징어가 품질이 좋다 보니 오징어로 만든 꼬치구이도 일품이다.

Travel **Tip**

시코츠호 비지터 센터

여행은 항상 비지터 센터를 시작으로 한다. 인터넷으로 얻지 못하는 생생한 정보가 많기 때문이다. 특히 일본 비지터 센터는 소규모 박물관 수준으로 소소한 볼거리가 많다. 시코츠호 비지터 센터도 호수의 대표 어종인 각시송어를 비롯하여 각종 동식물을 실감나게 전시해 놓았다. 비록 타국의 언어로 되어 있지만, 눈으로만 즐기기에도 충분할 정도로 잘 꾸며 놓았다.

◇운영시간: 9:00~17:30(겨울철은 16:30까지)

◇휴관일: 연말연시 및 겨울철 매주 화요일

◇주차: 410엔(호수 공용 주차장, 온종일)

◇전화번호: 0123-25-2404

# 별나라를 찾아서
## 하코다테

"아빠, 내가 찾은 곳이 있어. 나 여기 가고 싶어."

윤정이가 며칠 전부터 홋카이도 여행 서적을 유심히 보더니 가고 싶은 곳을 찾았나 보다.

"어딘데?"

"여기 별 모양 보이지. 이 별나라에 가고 싶어."

"응? 별나라?"

윤정이가 가리킨 곳은 홋카이도 최남단에 있는 도시 '하코다테Hakodate, 函館'였다. 사진에는 정말 별 모양의 지형이 보였다. 하코다테에 있는 '고료카쿠Goryoukaku, 五稜郭'라는 성이었다. 아직 한글이 서툴러 그곳이 어떤 곳인지, 어떤 의미가 있는지는 아마 모르고 골랐을 테고 단순히 모양이 마음에 들었나 보다.

여행이라는 것이 이미 다녀온 사람들의 후기를 따라 하고 가이드북의 코스대로만 다닐 거라면 그건 어쩌면 남의 일상을 따라 하는 것일 뿐 여행이 아닐지 모른다. 정보는 그냥 참고만 하고 우리만의 일상, 일상 같은 여행을 만들어

나가야 한다. '한 달 살기'라는 여행과 일상의 경계선을 넘나드는 우리에게는 더욱 그러하다. 아무리 잘 짜여진 일정이라도 아이들과 함께하는 과정에서 때로는 어그러지기 마련이다. 아이들이 동의한 적 없는 일정에 부모의 욕심으로 끼워 맞추다보면 정작 아이들은 얻는 것도 없이 힘들어할지도 모른다. 빡빡하고 반복되는 일상을 떠나 여행을 왔는데 더욱 바쁜 하루를 만들어 내고 있는 건 아닌지 고민을 해야 한다.

그렇다고 먼 타국까지 와서 숙소에서만 넋 놓고 있을 수는 없는 일. 함께하는 가족 모두가 여행을 주도하고 의논하고 결정해야 하기에 하코다테는 꼭 가겠노라고 윤정이와 약속했었다.

니세코에서 하코다테는 약 170㎞ 정도로 제법 먼 거리다. 특히나 전체 거리의 절반은 제한 속도 50㎞의 국도라서 규정 속도에 맞추면 3시간도 훨씬 더 걸리는 곳이다. 한번 다녀오기 쉽지 않으니 날씨가 좋을 때를 기다리고 기다렸다.

윤정이가 왜 하코다테를 안 가냐고 화를 내던 아침, 다행히 일기예보를 보니 흐렸다가 오후부터 갠다고 했다. 윤정이의 별나라(?) 여행도 중요하지만, 하코다테산에서의 야경을 성공적으로 보는 것도 중요해서 저녁에 맑아진다는 예보를 믿고 떠났다. 하코다테에서 첫 일정은 당연히 '고료카쿠'. 일단 아이의 소원부터 풀어줘야 했다. 아니면 온종일 투덜거릴 테니.

부지런히 달려 고료카쿠 전망대부터 갔다. 아무래도 전체적인 모습을 둘러보는 것이 낫다고 생각했다. 고료카쿠에는 공식 주차장이 없으니 주변에 유료 주차장을 이용해야 한다. 요금은 30분에 100엔 수준으로 비싸지는 않다. 오후부터 갠다던 하늘은 이미 구름 한 점 없이 눈부시게 빛이 났다.

역시나 아이들은 무료였고 어른 두 명에 1,680엔을 내고 전망대 안으로 들어

갔다. 고료카쿠성은 물론이거니와 하코다테 시내가 모두 한눈에 들어왔다. 정말 사진에서 보던 5각형의 별 모양이었다. 빽빽하게 들어선 건물들 사이에 별 모양의 성곽이 이질적이면서도 묘하게 아름다웠다.

"왜 성벽을 별 모양으로 지었을까? 최소한의 투자로 많은 것을 지키려면 둥근 것이 좋을 텐데."

"아빠, 어쩌면 우주선이 내려왔다가 못 올라간 게 아닐까? 응?"

1853년, 여러 척의 함대를 이끌고 나타난 미국이 일본에 개국을 요구하였고, 1854년에 미일화친조약을 맺으며 하코다테항을 개항하였다. 이에 하코다테 방어와 통치를 목적으로 고료카쿠를 지었다고 한다. 그러고 보면 우리뿐만이 아니라 일본도 서구 열강에 굴복한 역사가 있었다.

전망대에서 내려와 본격적으로 고료카쿠 공원으로 들어섰다. 고료카쿠는 봄이 관광하기에 최고로 좋은 기간이다. 성벽을 따라 100년이 넘은 왕벚나무들이 빼곡히 심겨 있다. 지금은 녹색의 잎만 남은 벚나무 사이를 잠시 산책을 하고 보물찾기를 시작했다. 지오캐싱 앱에서 별 모양 다섯 곳 꼭짓점에 모두 보물이 숨겨져 있다고 했다. 첫 꼭짓점을 시작으로 다섯 개의 보물을 모두 찾았다. 윤정이가 며칠 전부터 기대하던 보물이라 기쁨이 남달랐다.

점심을 먹기 위해 전망대에 올라가기 전부터 봐두었던 '럭키 피에로'로 향했다. 패스트푸드를 좋아하는 편이 아니지만 하코다테에 오면 럭키 피에로의 햄버거는 꼭 먹어 봐야 한단다. 평일 점심이 지난 시간이었지만 역시나 사람이 많았다. 사람이 많다는 것은 대박은 못 해도 중박은 하겠지.

여기 럭키 피에로가 주목받는 것은 오로지 하코다테에만 지점이 있기 때문이다. 모든 식재료는 본사에서 매일 배달하여 주는데 하코다테에서 생산된 식재료만을 고집하고, 신선한 상태로 제공을 해야 한다는 정책 때문에 하코다테 외에는 지점을 내지 않는다고 한다.

점원이 가장 인기 있는 메뉴로 '넘버원 세트'를 추천해 주었다. 무엇인지 물었더니 상하이 치킨버거가 들어간 세트라고 한다. 하코다테 소고기가 유명해서 소고기 패티가 들어간 치즈버거와 넘버원 세트, 오징어도 하나 추가로 주문했다.

먼저 소문대로 상하이 치킨버거는 평소에 맛보지 못한 스페셜한 맛이었다. 바비큐 맛이 조금 나면서도 부드러웠다. 그리고 역시나 예상대로 치즈버거는 신세계의 맛이었다. 육즙이 넘쳐 흐르는 듯한 두꺼운 고기 패티는 '내가 햄버거의 주인공이요'라고 말하는 듯했다. 주객이 전도되어 빵이 주인공이 되어버린 프랜차이즈 햄버거와는 확연히 달랐다. 허겁지겁 먹느라 제대로 된 사진 하나 남기지 못했을 정도로.

맛은 달랐지만 역시 햄버거는 'Fast'푸드 였다. 맛을 음미할 시간도 없이 꼴까닥 목구멍으로 넘어가는 바람에 5분도 안 되어 식사가 끝났다. 여전히 줄을 서서 기다리는 다른 이들을 뒤로하고 하코다테 야경을 즐기기 위해서 로프웨이 타는 곳으로 갔다. 이탈리아 나폴리와 홍콩에 이어 세계 3대 야경에 손꼽히는 하코다테 야경. 그 하코다테 야경을 빼고 홋카이도를 봤다고 하지 말라는 누군가의 자신감이 진짜인지 확인해 보고 싶었다.

"윤정아, 먼저 아빠하고 근처 산책부터 하자. 곤돌라를 타려면 아직 시간이 있거든."

해가 지는 6시까지는 여유가 있어 로프웨이 탑승장 근처 '모토마치 거리'를 걸어볼 생각이었다.

"엄마는? 나는 다 같이 다니는 게 좋은데……."

"수정이가 일어나면 엄마도 올 거야."

고료카쿠에서 하코다테 산으로 오는 도중 수정이가 잠들었다. 보통은 차의 시동이 꺼지면 일어나는 편인데 오늘은 영 일어날 기미가 없다.

일본 개항지였던 하코다테의 모토마치 거리는 과거 개항시대의 흔적이 아직 남아 있는 곳이다. 우리나라 인천 근대역사 거리와 아주 흡사했다. 270년이 훌쩍 지난 일본식 고가옥부터 구 공회당, 모토마치의 성당 등 서양문화가 고스란히 남아 있는 고건축물들이 군데군데 있어 여행자들의 발길을 이끌고 있었다.

조금 아쉬운 것은 대부분의 고건물이 개별 입장료를 내야만 들어갈 수 있다는 점이다. 그러나 굳이 들어가지 않아도 주변을 걷는 것만으로도 충분히 이국적인 정취를 만끽할 수 있었다. 마치 과거로의 시간여행을 다녀온 느낌으로 모토마치 거리를 시간 가는 줄 모르고 걷다 보니 어느새 5시가 넘었다. 우리나라보다 더 동쪽에 있어 6시 정도면 해가 진다[여름 기준].

元町観光案内所

발걸음을 서둘러 로프웨이 탑승장으로 갔다. 하코다테산으로 오르기 위해서는 자동차를 타거나 버스를 타고 올라가는 방법이 있고 로프웨이를 이용할 수도 있다. 자동차는 야경이 시작되는 오후 5시(겨울철에는 4시)에는 모두 내려와야 하고 버스는 시간 맞추기가 어렵다. 그래서 대부분 로프웨이를 이용한다. 제법 많은 사람이 있었지만 백 명이 넘게 타는 대형 로프웨이라서 그런지 한 번에 모두 탑승했다. 채 5분이 걸리지 않고 우리는 정상에 닿을 수 있었다.

정상에 오르니 오전에 봤던 고료카쿠 타워부터 하코다테항까지 한눈에 들어왔다. 아직 해가 지기까지는 시간이 있고 올라온 사람도 별로 없었다. 야경을 보다 보면 저녁이 늦을 것 같아 준비해 온 유부초밥으로 저녁을 해결했다.

"짝꿍, 밥을 이따가 먹을 걸 그랬어."

사람이 별로 없길래 밥 먹고 천천히 움직였는데 한 20~30분 사이 엄청난 인원이 모였다. 10분마다 최대 125명까지 탑승할 수 있는 로프웨이를 신경 쓰지 않은 죗값일까? 전망대 난간은 이미 사람들로 인산인해가 되었다. 평일인데도 불구하고 난간 앞으로 사람들이 두 겹씩 빽빽이 줄을 서 있었다. 어른들이야 어찌어찌 보겠는데 아이들은 어쩌란 말인가. 이럴 줄 알았으면 나라도 난간에 붙어 있을걸.

가을이 훌쩍 다가온 홋카이도의 밤바람은 생각보다 더 차가웠고, 사람들로 둘러싸인 전망대는 아이들과 함께 야경을 즐기기에는 불편했다. 하는 수 없이

아내와 아이들은 전망대 1층으로 내려갔다.

해가 지면서 슬슬 도시에 불이 켜졌다. 세계 3대 야경이라고 하더니 사진을 찍는 것도 잊은 채 넋 놓고 야경을 봤다. 어슴푸레 어둠이 내리며 하나둘씩 켜지는 불빛이 정말 미니어처처럼 반짝였다. 수많은 사람이 모두 숨죽여 초 단위로 어두워지는 야경을 연신 눈에 담고 있었다.

많은 사람이 찾는 야경이지만 또 많은 사람이 보지 못하는 야경이기도 하다. 변화무쌍한 바다 날씨 덕에 구름과 안개로 못 보는 날도 많다고 한다. 오늘

이렇게 깨끗한 야경을 허락한 하코다테에게 감사하다는 말을 속으로 남겼다. 이제 중반을 넘어 한 달 살기의 마지막을 달리고 있는 지금. 무엇을 얻었는지, 무엇을 느꼈는지, 또 앞으로 어떻게 살아야 할지 참 많은 생각을 하게 해주는 시간이었다.

그러고 보면 다른 도시에서도 흔히 볼 수 있는 야경이기도 했다. 야경이 주는 아름다움보다는 멍하니 눈의 초점을 풀어놓게 만들고, 정리되지 않던 생각들을 하나씩 지워 주는 듯한 편안함이 좋았다.

도심의 불빛이 하나씩 켜질 때마다 고민의 불은 하나씩 꺼져갔다.

Travel **Tip**

하코다테 고료카쿠

◇입장료: 성인 840엔, 소인 420엔(만 6세 미만 무료)

◇운영시간: 여름철 8:00~19:00, 겨울철 9:00~18:00

◇주차: 주차장 없음(주변 주차장 이용, 30분 100엔)

◇전화번호: 0138-51-4785

하코다테 로프웨이

◇이용료(왕복): 성인 1,280엔, 소인 640엔(6세 미만 성인 1인당 한 명 무료)

◇운영시간: 여름철 10:00~22:00, 겨울철 10:00~21:00

◇운행: 10분 간격, 최대 125명까지 탑승

◇주차: 주차 불가. 주변 주차장 이용
(시간당 100엔, 온종일 500엔)

◇전화번호: 0138-23-3105

## 노보리베츠 Noboribetsu, 登別市

온천으로 유명한 노보리베츠는 공업 도시 무로란의 위성 도시로 시작이 된다. 노보리베츠는 아이누어로 '뿌옇게 흐린 강'이라는 뜻으로 이는 온천에 섞인 많은 양의 석회질 때문이다. 지금도 활동하는 활화산에서 시작된 분당 3천 리터의 엄청난 양의 온천수가 계곡이 되어 흐른다. 덕분에 공업 도시보다는 온천 관광지로 더 알려졌다. 니세코에서 그리 가까운 거리는 아니지만 한 번은 꼭 다녀와야 한다. 물 좋은 온천은 당연하고 지옥계곡과 오유누마, 그리고 천연 온천 족욕까지. 당일치기도 좋고 하루 정도 온천 호텔에 머무는 것도 좋다.

### 지옥계곡 Jigokudani, 地獄谷

노보리베츠는 지옥계곡을 빼고 이야기를 할 수 없다. 이곳은 노보리베츠 호텔들이 모여 있는 곳에서 위로 10분 정도 올라가면 나온다. 화산분화로 생긴 붉은 병풍 같은 절벽 아래로 자욱한 연기를 피우며 온천수가 흐른다. 석회질과 유황 등의 광물로 바닥은 뿌옇고 그 위로 쉴 새 없이 피어오르는 연기는 그 옛날 지옥이 있다면 여기와 같을 것이라고 해서 '지옥계곡'이라고 불렸다고 한다. 시각적인 효과 외에도 코를 찌를 듯한 유황 냄새 때문에 더욱 그렇게 생각하지 않았을까. 화산 폭발과 온천 계곡이 주는 위협감에 사람들은 도깨비가 사는 곳이라 여겼다. 그래서인지 노보리베츠 곳곳에서 도깨비 조형물을 만날 수 있었다.

◇전화번호: 0143-84-3311

## 오유누마Oyunuma, 大湯沼

지옥계곡에서 조금 더 위로 오르면 오유누마가 있다. 온천이 만든 계곡이 지옥계곡 이라면 오유누마는 온천이 커다란 호수가 되어 끓어 오르는 곳이다. 마치 용암이 끓어 오르듯 짙은 회색의 온천수가 부글거리고 수증기가 피어오른다. 130도 넘는다고 하는데 유황 냄새는 숨을 쉴 때마다 콧속을 찌르는 듯하다. 오유누마 주차장과 지옥계곡 주차장은 한 번만 주차비를 내면 두 곳 모두 이용할 수 있으니 영수증을 잘 보관해야 한다.

오유누마에서 산책길을 따라 15분 정도 내려가면 있는 천연 족욕탕도 빼먹으면 아쉽다. 100도 넘게 뜨거웠던 온천수는 계곡이 되어 흐르며 적당히 식는다. 발을 담그기 좋은 장소에 알맞게 식은 온천수가 만나 천연 족욕탕이 되었다. 족욕 하나로 여행자의 발걸음은 무장해제된다. 잠시만 담그려 했지만 한번 담그면 빼기 싫어지는 곳이다. 그래서 여기 족욕탕은 노보리베츠 여행의 마지막 코스로 들리면 좋다. 따뜻한 유황 온천에 발을 담그면 지난 여행의 기억이 추억으로 바뀌게 된다. 수건을 따로 준비해 가는 것이 팁.

## 곤니찌와의 대답은 가와이?
### 신센누마

세 번째 도전이다. 여행 초기에 서온이네가 왔을 때도 다녀갔었고 이후에도 한 번 더 들렀었다. 분명 산을 오르기 전까지는 좋았던 날씨도 막상 '신센누마神仙沼'에 다가가면 구름과 안개로 기대했던 풍광은 보지 못했다.

여행의 막바지 9월의 홋카이도는 이미 가을로 접어들고 있다. 니세코에서 신센누마로 향하는 '파노라마 라인' 곳곳에서 가을옷으로 갈아입을 준비가 한창이었다. 한 2주 정도만 더 있으면 홋카이도의 가을까지 담아볼 수 있었겠지만, 추가 체류비도 만만치 않고 마일리지로 예약한 델타항공은 취소나 변경도 어렵다. 아쉬움과 그리움은 비례하는 법. 부록 같은 여름의 끝자락이 아니라 다시 한 번 제대로 '가을 홋카이도'를 찾아오기로 하고 아쉬움을 대신 남겨 두었다.

신센누마는 '신선'도 다녀갈 정도로 신비롭고 아름다운 '호수또는 늪'라 해서 붙여진 이름이다. 주차장에서 호수까지는 마주 오는 사람이 있으면 한쪽은 비켜줘야 하는 좁은 데크길을 700m가량 걸어야 한다.

일본인이 마주 오면 우리가 먼저 지나갈 때까지 비켜준다. 먼저 지나가라고 해도 끝까지 기다린다. 그러면서도 뭐가 미안한지 연신 '스미마셍'이라는 말을 하며 지나간다.

"아빠, '안녕하세요?'가 일본말로 뭐라고 해?"

"'오하이오 고자이마스?' 아 이건 아침 인사지. '곤니찌와'라고 하면 돼."

이제 아이들은 마주치는 사람들에게 "곤니찌와! 곤니찌와!"를 외치며 인사를 나눈다.

神仙沼
Shinsen-numa Marsh

"아빠, '가와이'가 뭐야? 아까 지나가는 사람이 나보고 '가와이'라고 했어."

"귀엽다는 뜻이야."

귀엽다는 말에 아이는 신이 났다. 마주치는 모든 사람에게 '곤니찌와'를 외치고 다닌다. 그러고는 마치 '가와이'가 화답 인사인 양 눈을 동그랗게 뜨며 기다린다. 그러다가 인사로 '곤니찌와'가 돌아오면 왜 '가와이'라고 안 해주냐고 한다.

꼭 멋진 장면을 보는 것만이 여행이 아니다. 길을 걸으며 지나치는 사람들에게 가볍게 건네는 인사도 여행이고 추억이다.

사람 눈높이만큼 자란 나무들이 사라지면서 시야가 훤해졌다. 넓은 늪지대 사이로 길게 데크길이 이어졌다. 늪은 바닥이 검은 덕에 들여다보면 거울 같다. 하늘을 담고 있다가도 내가 얼굴을 들이밀면 나를 담기도 한다. 1.5m에서 깊은 곳은 2m가 넘는다는 작은 늪들이 띄엄띄엄 여행자의 시선을 훔쳐갔다.

날씨는 그나마 세 번 중에서는 가장 맑았다. 잔잔한 호수와 그를 둘러싸고 있는 소나무, 뒤로 이어지는 하늘의 스카이라인이 부드러우면서도 강한 멋이 있었다.

그렇지만 딱히 신선이 놀다 갔다고 느낄 만큼 빼어난 풍경까지는 아니었다.

혹시나 해서 미리 준비해 온 드론Drone-초경량 무인비행기을 띄웠다. 신선이라면 우리처럼 땅에서만 놀지는 않았겠지? 호수 위로 드론을 올렸다가 뒤로 돌려 우리가 걸어온 방향으로 날려 보냈다.

아! 새의 시선으로 바라본 신센누마는 확연히 달랐다. 커다란 메인 호수 외에 우리가 걸어온 모든 데크길 사이로 작은 '소沼, 늪'가 한두 개가 아니었다. 낮게 바라봤을 때는 길게 자란 풀잎에 가려 그냥 들판처럼 보였지만 하늘에서 바라본 신센누마는 정말 신선이 다녀갈 만도 하다는 생각이 들 정도로 신비스러웠다.

"윤정아, 여우다 여우."

"정말? 어디?"

신센누마에서 돌아오는 도롯가에 여우 한 마리가 서성이고 있었다. 멀리서 봤을 때는 들개처럼 보였는데 점점 가까워질수록 확실히 야생 여우였다. 차를 보고도 도망가지 않는 것이 마치 이곳의 주인이 자기임을 말하는 듯도 했다.

"아빠, 차 좀 세워 봐."

"뭐하게? 여우는 육식동물이야 잘못하다가는 물려."

"응, 알았어. 창문 살짝만 열고 아까 빵 조각 남은 것 던져 주려고."

혹시 몰라 시동은 끄지 않고 아이의 뜻에 따라 창문만 살짝 내렸다. 여우는 이미 이런 상황이 익숙한 듯 다가와서 냄새를 맡으며 킁킁거린다. 다행히 눈에는 살기가 없어 보였다.

"우와! 잘 먹는다. 배가 많이 고팠나 봐. 홀쭉해."

마른 몸과 성글고 윤기 없는 털이 애처로웠다. 시동을 끄고 창문을 조금 더 내렸다. 아이는 남은 빵이 없자 자기 먹을 빵을 새로 뜯어 나눠 주었다.

"아빠, 이 아이 데려다가 키우고 싶다."

"네 동생이나 잘 보고 싸우지나 마세요."

한참을 여우와 교감을 하고 다시 길을 재촉했다. 후사경을 통해 점점 멀어지는 여우를 보며 괜스레 마음이 쓰였다. 배가 고파서 그렇겠지만 저렇게 차도에서 계속 서성이면 위험할 텐데.

"여우야, 다음에 또 홋카이도에 오면 놀러 올게. 안녕."

윤정이의 인사를 마지막으로 코너를 도니 여우가 더는 보이지 않았다.

"어! 윤정아, 무지개다."

또다시 차를 세웠다. 바로 눈앞에 무지개가 터널처럼 또렷하게 펼쳐져 있었다. 이렇게 가까이에서 선명하게 무지개를 본 것은 처음인 것 같다. 맑은 하늘의 무지개라니. 카메라에 담고 다시 떠나려는데 금세 사라져 버렸다.

"윤정아, 여우랑 시간을 보내지 않고 왔으면 저 무지개는 못 봤을 것 같다."

"그럼 여우가 우리에게 작별 선물로 무지개를 줬나 보다. 그치?"

## 여행을 끝내면서 또다시 떠남을 기약해 본다
### 무로란 2

"짐을 미리 싸고 나갈까? 아니면 다녀와서 밤에 쌀까?"

그동안 수많은 캠핑을 다니면서도 보통 2박 2일, 길어야 3박 3일이었다보통 금요일 밤에 떠나는 편이라 1박이 더해진다. 제주도 한 달 살기도 간접적으로 경험했었고, 그때는 가족과 빨리 같이 지냈으면 했기에 그 끝이 반가웠었다.

내 기준으로 가장 길었던 여행인 홋카이도 한 달 살기가 이제 내일이면 끝이 난다. 때로는 쉬엄쉬엄, 때로는 바쁘게 보냈던 한 달. 시간은 추억이 되어 차곡차곡 단단하게 쌓였다. 이제 남은 건 오늘 하루. 나의 물음에 아내는 일단 나가자는 눈치다. 그래, 짐은 밤에 정리하기로 하고 마지막까지 다시 달려 보기로 했다.

"짝꿍, 어디로 가지?"

"새로운 곳 말고 그동안 마주했던 곳 중에 한국으로 돌아가면 가장 생각나고 그리울 것 같은 곳으로 가자."

"오호, 좋은 생각이야. 음…… 그럼 난…… 그거!"

"혹시…… 덮밥?"

"역시, 통했어. 텐카츠 갔다가 무로란 8경을 마저 보면 되겠네."

대미는 무로란의 맛집 텐카츠로 정했다. 풍경은 카메라에 담은 사진과 영상으로 되새김하면 되지만 먹을거리는 그렇게 못하지 않느냐는 단순한 생각에서다. 그런 단순함까지 닮아서 우리 부부는 싸우는 일이 거의 없다.

마지막 여행이라는 아쉬움도 맛난 음식을 먹으러 달려가는 설렘을 이기지 못했는지 텐카츠로 향하는 내내 들뜬 마음이었다.

주차하고 식당 안으로 들어갔다. 나름 세 번째 방문이었고 친절하던 주인 할머니에게 마지막이라는 인사를 하고 싶었다. 하지만 아쉽게도 백발이 곱던 할머니는 보이지 않고 동생쯤 되어 보이는 다른 분이 있었다.

"아빠, 전에 사탕 주시던 할머니는 안 계신다. 힝."

"그러네. 우리를 기억 못 하겠지만, 인사는 하고 싶었는데 아쉽네."

맛을 기억하려고 온 입의 미각에 정신을 집중하며 먹었다. 이제 이 텐동과도 끝이구나. 더 길게 천천히 음미하고 싶었지만 밀려들어 오는 손님들 눈치에 무거웠던 엉덩이를 털고 일어났다.

"어! 윤정아, 할머니 오셨네."

"우와! 할머니, 곤니찌와! 엄마, 우리 이제 한국 간다고 말해 줘. 무척 맛있었다고. 감사하다고."

아내는 짧게 영어로 인사를 했다. 알아들었는지는 모르겠지만 특유의 포근한 미소를 지어주었다. 아쉬운 발걸음을 디디며 차에 올랐다. 무로란 8경 중 한 곳을 내비게이션 목적지로 정하고 출발하려는 순간.

"아빠, 저기 봐봐. 할머니야. 할머니가 손 흔들어."

건물 뒤편 2층 창문으로 할머니가 양손을 크게 흔들어 주었다. 설마 우리에게 보내는 인사일까 싶어 주변을 둘러보았지만 우리 말고는 아무도 없었다. 우리를 향해 손을 흔드는 것이 맞는 것 같다. 우리에게 인사를 하려고 가게도 비우고 2층으로 올라 온 듯하다. 우리도 창문을 내리고 화답했다. 각자 아무 소리도 내지 않고 손만 열심히 흔들었지만, 마음속으로는 저마다 나름의 인사를 나눴다. 내가 차를 몰지 않으면 끝이 없을 것 같아 슬슬 속도를 올렸다.

할머니는 우리가 사라질 때까지 계속 손을 흔들어 주었다. 잠시 스친 만남이었지만 어쩌면 편안한 인상과 미소가 우리를 다시 오게 만든 것인지도 모르겠다.

지난번에 잠시 들렸던 '금병풍'과 은색 병풍을 펼친 것 같다는 '은병풍' 등이 해안을 따라 줄지어 있는 무로란 8경을 차례차례 지나 하얀 등대가 인상적인

'치큐미사키Chikyumisaki, 地球岬' 등대에 도착했다. 다행히 날씨는 구름 하나 없이 깨끗했다. 태평양 바다 끝 수평선이 푸른 바다와 파란 하늘을 길게 나눠주지 않았다면 어디까지가 바다인지 구분하기 어려웠을 테다.

망망대해를 보면서 머리를 비우면 마음이 채워지는 묘한 곳이었다. 새하얀 등대와 푸른 바다의 대비가 눈이 시릴 정도로 쨍했다. 이 풍경과 마주하기 위해 그동안 수많은 자연으로 배웅했었나 보다.

'땡! 땡!'

어디선가 청명한 종소리가 울려 퍼졌다. 전망대 뒤쪽에 매달려 있는 커다란 종을 누군가 울리고 있었다. 행복의 종? 종 아래에 있는 간략한 소개에 따르면 종을 울리면 행복이 온다고 해서 '행복의 종'이라는 것이다. 종을 울려서 행복해지는 것인지 아니면 이미 여행을 통해 행복을 찾은 이후에 치는 종이라 그런지 모르겠지만, 아빠 목말을 타고 종을 치는 윤정이의 웃음소리에는 '행복'이라는 숨결이 담겨 있었다.

진한 초콜릿 아이스크림을 먹다가 남길 때도 '딱 한 입만 더'
친한 지인들과 오랜만에 가진 술자리에서도 '딱 한 잔만 더'
살을 빼야 한다면서도 달달한 케이크 앞에선 '딱 한 입만 더'
쉽게 결정하지 못하고 맺고 끊는 것이 정확하지 못해 항상 미련이 남는 편이

다. 짐을 싸러 돌아가야 할 시간이지만 미련병이 아직 치유가 덜 되었다. 미련을 떨치지 못해 집과 반대 방향으로 자꾸 '딱 한 곳만 더'를 외치며 바다를 따라 움직였다. 이제 진짜 이것만 보고 돌아가자며 차를 멈춘 곳은 '톳카리쇼トッカリショ'.

"여보, 저기 애들하고 서 봐. 당신 사진이 영 없어. 내가 좀 찍어줄게."

아이들 양팔로 하나씩 안고 포즈를 취했다.

"뭐해? 안 찍고. 애들 무거워 빨리 찍어."

"어…… 여보, 내 스마트폰 못 봤어?"

"아빠, 엄마 또 스마트폰 못 찾는다. 아빠가 전화 걸어 줘 봐."

전화를 걸어 봤지만 아무 소식이 없다.

"언제까지 있었지? 아까 등대에서 사진 찍었잖아."

"아, 맞다. 등대에서 내려와서 화장실 갔었잖아. 거기 둔 것 같아."

여행 시작에도 가방을 잃어버리더니 여행 마지막에는 스마트폰까지……. 어휴. 급하게 차를 몰아 다시 치큐미사키로 돌아갔다.

"있어?"

"응, 다행이다. 허겁지겁 들어가는데 일본 여자분이 나오면서 혹시 이것 찾냐며 주더라."

"그러고 보면 톳카리쇼를 안 들리고 바로 집으로 갔으면 전화기를 못 찾았을 수도 있었겠다."

이것이 끝이 아니다. 한국에 도착 후, 집으로 돌아가는 지하철에서도 아내가 또다시 가방을 두고 내리는 바람에 지하철 차고지까지 가서 찾아 왔다. 매번 찾긴 했지만 시작과 끝이 아주 버라이어티했다. 끈질긴 인연(?)으로 아직 그 가방은 잘 쓰고 있다. 가방을 다시 사고 싶다는 아내의 바람인지는 모르겠지만 눈치 없는 남편은 계속 찾아 주며 어깨를 으쓱거린다.

우여곡절 끝에 다시 찾은 톳카리쇼는 무로란 8경 중 개인적으로 가장 풍경이 뛰어난 곳이었다. 마치 호주의 그레이트 오션 로드의 12사도 와도 닮은 듯했다. 파도가 조각한 돌기둥, 회색 줄무늬가 선명한 절벽까지.

모양은 닮았지만 색은 전혀 달랐다. 사막 같은 황량한 느낌의 12사도와는 달리 절벽 위 빼곡히 자리 잡은 '조릿대볏과의 대나무, 산기슭에 난다'는 따뜻한 초록의 향연이었다. 이따금 불어오는 바람을 맞아 녹색과 연녹색의 잎이 주거니 받거니 파도타기를 하고 있었다. 바람과 풀이 '사그락사그락' 속삭이는 소리가 우리에게 잘 가라고 인사를 건네는 듯했다.

"짝꿍, 기분이 어때?"

"마지막에 엄청 서운할 줄 알았는데, 막상 내일 떠난다고 하니 그냥 시원섭섭하기도 하고 또 집이 그립기도 하고 그렇네."

"나도. 한 달이 참 행복했나 봐. 여기 가슴 안이 꽉 찬 것 같아."

"우리 제주도에서 한 달 살면서 마지막 날 해외에서 한 달 살기를 하자 했는데, 그 바람이 이루어졌잖아. 오늘이 홋카이도 마지막인데 다음은 어디 가지? 지금 이야기하면 또 이루어지지 않을까?"

"어디든. 우리 가족이 함께라면 그게 바로 여행이고, 그게 일상이지 뭐."

"일본말로 '안녕'은 뭐라고 하지?"

'사.요.나.라.'

여행을 시작하면서 그 끝을 걱정했지만,
여행을 끝내면서 또다시 떠남을 기약해 본다.

Travel **Tip**

신치토세 공항

신치토세 공항은 국제선과 국내선이 실내로 연결되어 있다. 국제선 쪽에는 식사할 만한 식당이나 선물용 물품을 구매할 곳이 마땅찮다. 대신 국내선으로 가면 종합 쇼핑몰처럼 매장과 식당 그리고 대형 푸드코트까지 있어 시간이 남았다면 한번 들러 볼 만하다. 국제선 출발인 3층에서 국내선으로 이동하는 통로에는 아이들 놀이방도 있고 유명한 초콜릿 브랜드인 로이스 초콜릿 매장과 전시장이 있다.

## 홋카이도 한 달 살기 Q&A

제주도 한 달 살기를 하고 돌아왔을 때도 유사한 질문을 많이 받았지만, 특히나 홋카이도에서 한 달 살기를 하고 돌아와서는 더 많은 질문을 받았다. 한 달 생활비는 얼마나 들었는지, 물가는 어떤지, 여행 정보는 어떻게 얻었는지 등 구체적인 비용 측면과 함께 아이들이나 가족의 생각 변화가 어떤지, 어떠한 것을 얻고 돌아왔는지에 대한 어려운 질문도 많이 받았다.

아무래도 제주도 보다 접근하기 쉽지 않아 정보 구하기가 더 어려워서 일 것이다. 특히 비용에 대해서는 집요하게(?) 구체적으로 알고 싶어 하는 경우도 있지만, 생활비라는 것이 말 그대로 어떻게 생활하느냐에 따라 달라지는 부분이라 얼버무리고 말았다.

4인 가족이 우리와 같은 패턴으로 여행을 한다면 어느 정도의 예산이 필요한지 간단하게 정리해 보았다. 대략적인 참고가 되고 나아가 '나도 한번 떠나볼까?' 하는 용기가 생긴다면 더 감사할 것 같다.

### Q. 거주비는 얼마나 들었나요?

A. 가장 많은 질문을 받은 항목이기도 하고 가장 정답이 없는 질문이기도 하다. 일본은 집의 크기보다는 인원수에 따라 비용이 크게 좌우된다. 같은 곳도 세 명으로 예약하는 것과 네 명으로 예약하는 것이 가격이 다르기 때문에 참고 정도로만 이해하면 되겠다.

니세코 지역에서 여러 숙소를 위탁 임대하는 업체홀리데이 니세코 등 기준으로 한 달 대략 25만 엔환율 100엔을 1,000원 기준으로 250만 원 정도 한다. 성인 두 명에 아동 두 명 기준이고 방은 두 개 정도다. 아동이 모두 6세 미만이면 인원수로 치지 않아 원룸을 선택할 수도 있고 그럴 경우 가격이 조금 더 내려간다. 언뜻 비싼 것처럼 느껴지기도 하겠지만 국내에서도 단기 임대료는 장기 임대료보다 높게 받는 것이 일반적이다. 게다가 기본적인 휴지, 세제, 목욕용품 등이 모두 포함되어 있고 1주일 단위로 이불, 침대 커버 등을 새것으로 교환해 준다. 요즘 제주도 한 달 살기도 수요가 많아져서 한 달 숙소비가 2백에서 3백만 원 사이인 것을 고려하면 집값 비싼 일본에서 이 정도면 나쁘지 않은 수준이다스키어들에게 인기 좋은 겨울이면 숙박료가 더 비싸진다.

해외에서 단기 거주를 해보면 밥공기, 젓가락, 음식용 가위 등이 없는 경우가 대부분이다. 음식 문화가 다른 곳이니 당연하겠지. 하지만 일본은 우리와 같이 쌀을 주식으로 하기에 전기밥솥은 물론 밥그릇, 국그릇까지 요리와 식사를 위한 모든 집기가 빠짐없이 있다.

딱 옷만 가지고 들어가서 살아도 한 달 동안 전혀 불편함이 없었다.

### Q. 차량 렌트비는 얼마나 들었나요?

A. 홋카이도에서 삿포로와 오타루, 무로란 정도의 인구가 많은 곳이 아니면 차 없이 한 달 살기는 다소 불편함이 있다. 물론 현지 여행사에서 제공하는 투어에 참여하고 평소에는 숙소와 온천 그리고 그 주변에서 쉼을 목적으로 여유롭게 보낸다면 모르겠지만, 겨울이 아닌 계절에 홋카이도를 간다면 차를 빌리는 것이 좋다. 미세먼지 하나 없는 깨끗한 날씨가 무척이나 좋기에 엉덩이가 움찔거려 숙소를 지키고 있을 수가 없었다.

도요타 렌터카 기준으로 가장 작은 경차의 한 달 렌트비는 10만 엔 정도이다. 같은 차량이 1주일 렌트비가 5만 엔이 조금 넘는데 2주일 이상부터는 한 달 렌트비와 같다. 성인 네 명이 타면 여행용 캐리어 등을 싣기는 약간은 버거울 정도로 작은 경차이다. 성인 두 명에 아동 두 명 정도면 무난할 것 같다.

일본은 교통법규를 어겼을 경우 벌금이 아주 높다. 아이를 위한 카시트는 한국에서 미리 가져가면 비용을 줄 일 수 있다. 렌터카와 같이 빌리는 경우는 한 달에 2,700엔 정도 들어간다. 아이가 9개월까지는 베이비 시트, 4세[일본 나이]까지는 카시트, 5세부터 신장 135㎝[체중 32kg] 이하까지는 부스터를 꼭 착용해야 한다.

## Q. 생활비는 얼마나 지출되었나요?

A. 생활비는 가족 단위 생활 방식에 따라 달라지는 부분이라 딱 잘라 이야기하기가 어렵다. 우리는 오히려 한국보다 더 적은 생활비가 들었다. 아침과 저녁은 꼭 집에서 먹었고 점심은 주로 도시락을 싸서 다녔다. 관광지 입장료도 만 6세 미만은 아이들을 위한 동물원이나 수족관을 제외하고는 대부분 무료였다.

오후 늦게 집으로 들어가면서 주로 마트에서 장을 봤다. 과일과 야채류는 한국보다 조금 더 비싼 편이고 나머지는 대부분 같거나 저렴한 것들도 많았다. 그러다 보니 일반적인 생활비는 한국에서 지내는 것과 같았고 한국에 있었으면 나갔을 아이들 교육비[어린이집, 학원, 문화센터 등] 지출이 없으니 오히려 절약되기도 했다.

## Q. 주변 여행 정보는 주로 어디서 얻었나요?

A. 한국에서 가져간 가이드북이 있긴 했지만, 홋카이도 주요 관광도시인 삿포로, 오타루, 노보리베츠, 비에이, 후라노에 대한 내용이 대부분이었다. 현지에 대한 정보는 현지 관광 정보가 최고다. 렌터카를 빌리면서 일부 관광 정보를 받았고, 니세코 뷰 포인트, 니세코 웰컴센터에서 기본적인 니세코 주변 여

행 정보를 얻었다. 그리고 주요 관광지는 일단 구글 내비게이션으로 해당 지역 근처 비지터 센터를 가서 정보를 찾았다.

**Q. 홋카이도 한 달 살면서 가장 인상적이었던 것은 무엇이었나요?**

A. 한적한 시골 마을인 니세코에서 지내는 것만으로도 충분한 힐링이 되었다. 아무것도 하지 않아도 행복했고, 아이들에게 이래라저래라 재촉하지 않아서 좋았던 한 달이었다. 어디든 좋았지만 몇 개만 꼽으라면 가장 먼저 생각나는 것이 '샤코탄 블루'이다. 정말 아직도 그 영롱한 푸른 바다의 색감이 아른거린다. 무로란을 세 번이나 가게 만들었던 덮밥과 우리가 안 보일 때까지 손 흔들어 주던 할머니의 손길도 아련하다. 주요 관광지도 좋지만 매일 같이 놀러 가듯 들렀던 마트에서의 시간도 지나고 보면 행복했던 순간이었다. 그렇게 사 온 신선한 생선과 육류로 집에서 해 먹던 집밥, 거기에 더해지는 삿포로 맥주 한 잔. 한 달 살기는 여행만큼이나 일상도 중요했던 것 같다.

**Q. 홋카이도에 대한 전체적인 느낌은 어땠나요?**

A. 천혜의 자연이 정말 부러웠다. 일본이지만 일본 같지 않은 곳. 마치 스위스의 시골 마을을 떠올리게 만드는 묘한 분위기. 색다른 느낌을 주면서도 조용하고 차분해서 저절로 힐링이 되는 곳이었다. 기회가 된다면 홋카이도 북부도 여행해 보고 싶다. 홋카이도를 다녀오기 전에는 보통 여름휴가로 더 더운 동남아 등을 알아봤었는데, 홋카이도야말로 최고의 여름휴가지가 아닐까 싶다. 한여름 최고 기온이 25~27도 정도로 덥지 않아 여행 다니기 최고였다. 맑은 공기는 창문이란 창문은 모두 열게 만들고, 수시로 뛰쳐나가고 싶은 충동을 느끼게 해주는 날씨였다. 계절적인 면에서도 여름이 짧고 이르게 찾아오는 가을 덕

에 단풍 또한 멋졌다. 초가을에 한 달 살기가 끝나는 바람에 완전한 가을은 느끼지 못했지만 다시 한 달을 한다면 홋카이도의 가을에 푹 빠져보고 싶을 정도였다.

### Q. 운전은 어렵지 않았나요?

A. 운전대와 차선이 우리나라와 반대인 이유로 운전에 대해서도 궁금해하는 사람이 많았다. 글의 서두에서도 이야기했지만, 생각보다 일본에서의 운전은 어렵지 않았다. 삿포로같이 차도 많고 일방통행이 많은 곳 일부를 제외하고는 차가 별로 없고 속도를 낼 만한 곳도 없었다. 오히려 차가 없었으면 힘들었거나 놓쳤을 순간은 참 많았다. 도야호에서 돌아오는 길에 만났던 은하수도 그렇고 카무이미사키도 차가 없었다면 가보지 못했을 것이다. 하코다테 로프웨이 주차장에서 둘째가 2시간이나 잠을 잤을 때는 차가 있어 다행이기도 했고 아이한테 덜 미안하기도 했다. 여행을 마치고 신치토세 공항으로 이동할 때도 대중교통을 이용했었더라면 짐 챙기랴 아이들 챙기랴 아마 힘들었겠지? 차량 렌트로 얻는 것이 훨씬 많았다. 여러분도 도전해 보길!

대부분 다른 사람을 평가할 때 '자신'의 기준에 따르게 된다. 내 기준에 따라 좋은 사람과 나쁜 사람으로 나누기도 하고, 그날의 기분에 따라 좋은 이미지로 기억하기도 하고 나쁜 이미지로 기억하기도 한다. 내가 선호하는 스타일인지, 내가 얼마나 더 마음을 열어 받아들이는지에 따라 좋은 사람과 그렇지 않은 사람으로 평가되는 것이다. 결국, 타인을 '나'의 잣대로 평가하게 된다.

여행은 '나'로 하여금 온 마음을 열게 만든다. 열린 마음 덕에 여행 중에 만난 사람들은 대체로 좋은 이미지로 기억하게 된다. 여행은 어른들은 물론 아이들에게도 마음의 문을 활짝 열고 편견의 선글라스 없이 받아들이게 만들어 준다.

최근 아이가 혼자인 집들이 늘고 있다. 그러다 보니 내가 먼저 마음을 열어 받아들이기보다 상대방이 먼저 다가와 주는 것에 익숙한 경우가 많다. 평소 거절에 익숙하지 않은 아이들은 다분히 자기중심적으로 자라게 된다. 여행은 이런 아이들에게 마법을 부린다. 마음을 열어 다른 사람을 맞이해 본 아이들은 여행이 끝나도 스스럼없이 친구들과 어울리게 된다. 우리들 인생이 혼자 살아갈 수는 없는 법. 어차피 같이 부대끼고 살아가야 한다면 최소한 내 기분이나 선입견으로 사람을 평가하지 않도록 해야 한다. 그런 점에서 여행은 사람들 사이에서 부드럽게 어울릴 수 있도록 만들어 주는 힘을 가졌다.

주변에서 우리를 보며 부럽다는 말은 많이 하지만 막상 용기 내서 떠나는 사람들은 별로 없다. 비슷한 또래의 가족들은 말한다. 아이가 조금 더 크면 해보고 싶다고, 초등학생 정도는 되어야 같이 가볼 만하지 않겠냐고, 자기 짐을 자기가 챙길 정도는 되어야 여행 다닐 만하지 않겠냐고.

습관은 우리가 만들지만, 시간이 지나면 습관이 우리를 지배하게 된다. 아이들이 어리다고, 함께 다니기 피곤하다고 집에만 있으면 점점 더 피곤하고 쉬고 싶어진다. 미루는 것에 익숙해지면, 쉬는 것에 익숙해져 버리면 시간이 지난 뒤 아무것도 해놓은 것이 없게 된다. 힘들어도 피곤해도 떠나야 한다. 움직이고 부딪히는 습관은 결국 우리를, 우리 가족을 단단하고 활기차게 만들어 줄 것이다.

한 달 살기를 하고 돌아왔을 때, 홋카이도의 일상이 생각보다는 그립지 않았다. 돌아온 일상에 다시 허덕였고, 줄어든 통장 잔액에도 마음이 쓰였다. 무척이나 행복하게 즐기다 와서 그런지, 아님 일반적인 여행보다는 길어서였는지는 모르겠지만 걱정(?)했던 것보다는 아쉬움 없이 지냈었다.

하지만 시간이 지날수록, 짙어 가는 가을 풋풋했던 감이 주황빛으로 익어 가듯, 우리의 그해 여름의 끝자락도 점점 그리워지고 찡해 왔다.

시간은 농익어 과실을 익게도 하고 흙으로 돌아가게도 하겠지만, 우리의 찬란했던 홋카이도의 여름은 더욱더 짙어질 것을 확신한다.

# 그해 여름 끝자락。 홋카이도

**초판 1쇄 발행** | 2018년 2월 8일

**글·사진** | 허준성
**삽화** | 허윤정
**발행처** | 마음지기
**발행인** | 노인영
**기획·편집** | 하조은·이연호
**디자인** | 문영인

**등록번호** | 제25100-2014-000054(2014년 8월 29일) **주소** | 서울시 구로구 공원로 3, 208호 **전화** | 02-6341-5112~3 **FAX** | 02-6341-5115 **이메일** | maum_jg@naver.com * 이 도서의 국립중앙도서관 출판예정도서목록(CIP)은 서지정보유통지원시스템 홈페이지(http://seoji.nl.go.kr)와 국가자료공동목록시스템(http://www.nl.go.kr/kolisnet)에서 이용하실 수 있습니다.(CIP제어번호:2018002126)

※ 책 값은 뒤표지에 있습니다.
※ 잘못 만들어진 책은 바꿔 드립니다.


ISBN 979-11-86590-27-0 03980

마음지기는 여러분의 소중한 꿈과 아이디어가 담긴 원고 및 기획을 기다립니다.

**마음지기는**

**성공은** 사람을 넓게 만듭니다. 그러나 실패는 사람을 깊게 만듭니다. 마음지기는 성공을 통해 그 지경을 넓혀 가고, 때때로 찾아오는 어려움을 통해서 영의 깊이를 더해 갈 것입니다. 무슨 일에든지 먼저 마음을 지킬 것입니다.
**높은** 산꼭대기에 있는 나무의 뿌리가 산 아래 있는 나무의 뿌리보다 깊습니다. 뿌리가 깊기에 견고히 설 수 있습니다. 마음지기는 주님께 깊이 뿌리내리고 그 어떤 상황에서도 주님을 찬양할 것입니다.
**"하나님과** 가까이 교제하고 교감하는 사람은 그렇지 못한 사람보다 더 행복하다"라고 마시 시머프는 말했습니다. 마음지기는 하나님과 교감하고 교제하기 위해서 하루 24시간을 주님과 동행할 것입니다.

**"모든 지킬 만한 것 중에 더욱 네 마음을 지키라 생명의 근원이 이에서 남이니라" 잠언 4:23**